路易斯·康
在宾夕法尼亚大学

[美]詹姆斯·F·威廉姆森 著
张开宇 李冰心 译

江苏凤凰科学技术出版社

将此书献给我在孟菲斯大学教过的那些研究生，我将通过他们的视角，继续去感受和发现路易斯·康。

詹姆斯·J·威廉姆森

导　言

路易斯·康在宾夕法尼亚大学

路易斯·艾瑟铎·康（Louis Isadore Kahn）是一位伟大且人尽皆知的建筑师，他的建筑作品享誉全球。尽管人们对于他的建筑作品非常了解，但却很少有人注意到他的另一个身份——建筑学教师，他不仅为建筑学的教育工作做出了革命性贡献，而且他的哲学思想对学生们也产生了深远的影响。对于路易斯·康来说，教学工作在他的一生中占有着极其重要的位置，他曾在宾夕法尼亚大学出任"研究生班"的授课教师，为建筑学专业实践以及教学课程的发展做出了巨大的贡献，并产生了深远的影响。

本书主要对路易斯·康在宾夕法尼亚大学执教期间的教学理念和独特的教学方法进行了较透彻的研究和探讨，也是首次由宾夕法尼亚大学研究生班的学生，以第一人称的视角，来深入地分析和评价他的教学思想。

詹姆斯·F·威廉姆森，孟菲斯大学建筑学院教授，曾任教于宾夕法尼亚大学、耶鲁大学、德雷克戴尔大学以及罗德学院。他在宾夕法尼亚大学获得双建筑学硕士学位，并于1974年就读于建筑大师路易斯·康的研究生班。威廉姆森曾与文丘里与斯科特·布朗事务所合作成为合伙人，并在孟菲斯建立自己的事务所，从事建筑实践工作30余年，期间主要承接宗教和机构性建筑项目。美国建筑师协会曾因威廉姆森在建筑设计领域以及教育事业中的杰出贡献，将其评为美国建筑师协会院士。2014年，他凭借宗教类建筑作品和对相关艺术学科所做出的贡献获得美国建筑师协会颁发的"Edward S. Frey奖"。

前 言

自 1974 年路易斯·康去世之后，已经过去 40 年之久了，当年我在宾夕法尼亚大学路易斯·康的研究生班读书的日子，仍然历历在目。20 世纪下半叶以后，路易斯·康成为全美公认的最著名的建筑师。他成为人们的偶像，行业内出现很多路对他的作品的崇拜者。近几年来，人们开始研究他的比较复杂且备受争议的私生活，于是他逐渐成为一个走入凡间的创造之神。

尽管对路易斯·康的研究不计其数，但是人们常常忽略他在教学方面所做出的贡献，而且从历史的角度来看，他在教育领域的成就对后人的影响其实最为长久。作为一个近代建筑师，路易斯·康设计出了一些举世闻名且经久不衰的建筑作品，本书着重分析他在宾夕法尼亚大学教书的那几年，以一位教育工作者、一位哲学家的身份，对学生们产生的深远影响。

很多人都研究过路易斯·康的建筑，而且他的儿子纳撒尼尔·路易斯·康拍摄过一部关于他父亲的电影，名为《我的建筑师》（*My Architect*），让人们更好地了解到路易斯·康的私生活。本研究对以上内容不再赘述。然而却鲜有关于他的教育成就的著作，所以本书将主要针对他的教学工作，分析其的教育理念和教学目的，以及他在宾夕法尼亚大学研究生班授课过程中，所采用的设计与实践相结合的创新式的教学方法。本书将从其研究生班的学生的角度，来探讨路易斯·康作为一名老师，对学生日后职业生涯的影响。对于其教学理念的某些方面，本书也将以客观的态度来进行直言不讳的评价。同时，本书也会根据路易斯·康的建筑思想，通过对创造力本质的理解，提出适于当今建筑学院的教学方法。

菲克列特·耶格是路易斯·康1966级研究生班的学生，由于一直以来人们经常忽视路易斯·康在学术方面的成就，耶格曾作出如下评论：

我曾阅读并参加过许多关于路易斯·康的著作和展览活动，令我惊讶的是，我发现这些很少有人强调、介绍甚至是提及路易斯·康的教学工作以及他对学生的影响。人们关注的重点一直都放在路易斯·康的建筑师或是设计师身份上，或是关注他负责的那个并不是所有作品都十分成功的建筑事务所上。很少有人提及，或者说根本就没有人提到，路易斯·康曾把自己生命的一半时间都奉献给了建筑教育事业。路易斯·康曾感言，作为一个教育工作者，他感到十分自豪，而且他也确实为研究生班倾注了全部心血[1]。

从1956年开始从事教学工作，一直到1974年离开人世，路易斯·康在宾夕法尼亚大学的学生人数共有400多人。而且，他还曾在20世纪40年代到20世纪50年代间，在耶鲁大学、麻省理工学院和普林斯顿大学进行过教学工作，还在世界各地的建筑学院举办过建筑方面的讲座，所以一定会有更多的人从他的教学工作中获益。

本书首先对路易斯·康在宾夕法尼亚大学教过的研究生班毕业生中展开广泛调研，从他们的角度了解他的教学理念和教学方法，并进行深入的探讨。在宾夕法尼亚大学毕业生办公室的帮助下，通过查阅毕业生相关记载材料，我们联系并邀请到了研究生班的大部分学生一起协助完成了此项研究，收集了与研究生班学习经历，以及路易斯·康对自身职业发展影响相关的资料近50份，包括信件、图纸、照片、论文、趣闻轶事和事业档案。其中大部分资料从未对外公开过，也成为本书主要的资料来源。通过整理资料可以发现，不管是对于研究生班授课效果的心得体会，还是路易斯·康对个人产生的影响，都保持了相当高的一致性。

研究生班的大部分毕业生如今都已走上了讲台，将路易斯·康曾经传授给他们的建筑教学理念和系统的专业知识承传给了新的一代人。正如田纳西州立大学建筑学院创院院长比尔·莱西（Bill Lacy）所说："路易斯·康的教学成就和他的作品一样伟大，我认为他留给世人的真正遗产，不仅包括他的建筑作品，还包括他曾教授过的学生，而这些学生又会把他的理念传授给下一代人，然后一代接一代承传下去。"[2]

在未来职业规划中注重教学工作的发展，也是路易斯·康的学生共有的一大特点。从研究生班毕业的学生，一部分从事教学工作，一部分将教学和实践工作结合在一起，从他们发表的文章中可以反映出研究生班毕业生整个职业的发展过程，本书对相关文章也进行了收录。路易斯·康在1976年教授的研究生班的很多毕业生，都投身到教育工作中，其中麦可·贝奈曾说过：

"路易斯·康教给了我们如此坚定的信仰，也让我们领悟到了许多道理，我们更希望能与别人一起分享这些内容。从某种意义上来说，路易斯·康之所以是一位伟大的老师，是因为他培养了许多教育工作者。路易斯·康对于建筑本质不断追求、不断探索的精神与信仰，将通过我们这一代人传播下去。"[3]

在20世纪50年代初期，文森特·斯库利曾评价过路易斯·康："他给予自己学生最大限度的自由"[4]，让他们从迂腐的国际风格模式以及他自己的建筑形式语言中解脱出来。

路易斯·康的首个创举具有破坏性。他将学生从束缚中解脱出来，让他们完全依靠自己的想法来设计。同时，他通过解构模型来开拓学生的思路——在两代欧洲人的影响下，很多学生的思路已经产生了一定的偏离。如今，这些学生已经形成了一股力量。到20世纪60年代晚期时，在他的影响下，其中一些人甚至超越了路易斯·康当年的成就。路易斯·康的学生又培养出新一代的学生，其中一些人不仅崇拜路易斯·康的建筑，更对路易斯·康怀着一种深深的感激之情[5]。

我在宾夕法尼亚大学读书时，和很多老师私下的关系都很好，但是和路易斯·康却一直保持一定的距离。我始终认为直接称呼他的名字"Louis"不太合适，而且我一直认为他很可能并不知道我的名字。事实上，他似乎一直刻意与学生保持着一定的距离，所以，我眼里的路易斯·康一直都是一个比较强势且有一定距离感的人。尽管他一直保持着一种和蔼的态度，但在我的印象中，路易斯·康几乎没有对学生明显地表示过太多关心。他是一个理想主义者，尽管他非常善于启发学生的创造力，但是他经常会有一些不切实际的想法，导致我在随后的建筑实践工作中，经常在他那种崇高的设计思想和现实的市场环境中陷入左右为难的境地。

不过，无论如何，我很庆幸能够有机会成为路易斯·康最后一届研究生班的学生，对我而言，那一年的时光彻底影响了我未来的职业规划，成为我人生的转折点。

路易斯·康坚信，建筑绝对不应该仅仅为了解决某些问题而存在，这种完美主义思想极具启发性。从这种意义上来说，路易斯·康的思想给人一种精神层面的动力。在我看来，路易斯·康能感知事物的无形尺度，并且他将其称为"不可度量"（unmeasurable）。只有我们愿意像他一样，花费一生的时间进行探索，才能逐渐了解这种特有的能力。

我曾在研究生研讨会上教过一门关于路易斯·康的作品和哲学观的课程，这门课也让我有机会进一步从他那些晦涩难懂的文字中了解他的思想。在研讨会讨论阶段，尽量模仿他的授课方式，希望尽我所能将他的思想承传给新一代的学生们。对于大多数学生来说，他的思想和他们之前所掌握的设计理念相比，更具有革新性。虽然一开始接受起来会有一定难度，也容易产生质疑，但是只要深入地发掘了解，就能逐渐领悟到其中的意义。

路易斯·康的伟大之处在于他对建筑有着独到的见解，用他自己的话说，他的存在仿佛是一个"奇点"，正因为这样，他所教授的研究生班，也是独一无二的。但是如果我能够追寻他所探索的"不可度量"的脚步，重新创造出一些价值，并且将这种精神传达给当今的建筑师、建筑学专业的学生等人，让大家感受到他的教学理念的延续性，那么这本书的目的就达到了。

詹姆斯·F·威廉姆森

前言参考文献

1 Fikret Yegul,"Louis Kahn's Master's Class,"提供给作者的未发表文章,2011
2 Bill Lacy,引自 Richard Saul Wurman,What Will Be Has Always Been: The Words of Louis I. Kahn(New York: Access Press and Rizzoli International Publications, 1986), p.287
3 Michael Bendar,"Kahn's Classroom," Modulus, 11th issue, 1974, University of Virginia Scholl of Architecture
4 Vincent Scully,引自 David B. Brownlee 和 David G. De Long, , Louis I. Kahn: In the Realm of Architecture (New York: Rizzoli International Publications, 1991), p.141
5 Vincent Scully,引自 Wurman,p.297

路易斯·康与本书著者,1975 年(詹姆斯·F·威廉姆森收藏系列,宾夕法尼亚大学建筑档案)

目 录

第一部分　探索"不可度量"　　014
　一、路易斯·康在宾夕法尼亚大学　　014
　二、路易斯·康的教学理念　　022
　三、树下的男人　　039
　四、实践中的教学方法　　059
　五、路易斯·康和他的学生们　　102
　六、路易斯·康和创作心理学　　129
　七、路易斯·康眼中的现代建筑学教育　　144

第二部分　教育和实践工作者的老师　　154
　一、教师和建筑师　　154
　二、路易斯·康离开以后　　159
　三、路易斯·康的声音　　174
　四、学习，实践，秩序，反思：职业生涯的循环　　185
　五、路易斯·康的人脉　　199
　六、从场地入手　　212
　七、所学与所用　　220
　八、变成和成为对职业生涯的思考　　228

结语：教师的遗产   242

设计问题与学生构成，1955—1974 年   260

研究生班导师   262

附录 A   268
路易斯·康所指导的研究生班名单，1955—1974

附录 B   271
路易斯·康所指导的研究生班留学生分布情况

附录 C   272
路易斯·康所指导的研究生班留学生之前所就读的高等院校组成

参考书目   275

致谢   278

第一部分　探索"不可度量"

一、路易斯·康在宾夕法尼亚大学

自1890年开始，宾夕法尼亚大学（以下简称"宾大"）的建筑专业一直追随着巴黎美术学院的步伐，所以授课的重点主要放在绘画功底培训和历史风格这两个方面。在西奥菲勒·钱德勒（Theophilus P. Chandler）的英明带领下，宾大召集了一批杰出的费城建筑学教师，其中包括威尔逊·艾尔（Wilson Ryre）和弗兰克·弗内斯（Frank Furness）。在1903年，作为巴黎美术学院第一批毕业生中的一员，保罗·菲利皮·科莱特（Paul Philippe Cret）也来到了宾大从事教学工作。境内其他的常春藤院校，如哈佛、普林斯顿和位于东北部的麻省理工学院，都纷纷效仿宾大，聘请巴黎美术学院的毕业生来负责建筑学院的课程设计[1]。1921年，在保罗·菲利皮·科莱特的带领下，宾大的建筑学院成为全美公认的最高建筑学府，同时也获得了法国政府的官方认可[2]。

科莱特之所以能在建筑教学上取得如此卓越的成就，主要归功于他开放的思维方式以及对于建筑学在解决问题方面的重视。科莱特培养出很多杰出的建筑师，其中最著名的就是路易斯·康。路易斯·康于1920—1924年间就读于宾大建筑系，并且获得了宾大的建筑学学士学位。期间，路易斯·康的设计作品曾获得亚瑟斯·布鲁克纪念奖的铜奖[3]，但是决赛时与巴黎美术学院[4]颁发的巴黎大奖失之交臂。

路易斯·康曾说过：

当年的宾大是一所十分优秀的院校。那时大家都怀揣着崇高的信仰，当然我这里所说的并不是某一种特定的宗教信仰，而是对于那些有价值的杰出才华的崇拜之情。我们懂得尊重那些大师的作品，我们会看到这些作品为别人带来了什么，而不是为建筑师自身带来了什么，这一点也是当年大家最关注的建筑问题[5]。

第一次世界大战结束后，包豪斯风格开始崛起，并且逐渐成为欧洲国家共同推崇的一种国际风格，现代主义开始逐渐取代美术学院的古典主义在美国的影响地位。从哥伦比亚大学和哈佛大学的约瑟夫·赫德纳特（Joseph Hudnut）开始，一系列现代主义建筑大师逐渐崭露头角，包括哈佛大学的瓦尔特·格罗皮乌斯（Walter Gropius）和马塞尔·布劳耶（Marcel Breuer）以及后来的伊利诺伊理工学院的路斯维希·密斯·凡·德·罗（Ludwig Mies van der Rohe）。显然，现代主义迟早要成为当时美国国内那些前卫的建筑院校的主流风格。虽然，路易斯·康在现代主义逐渐成为建筑教育的主流思想过程中起到了十分重要的作用，但是他早期的教学经验其实是从学术圈之外的环境中获得的。

1931年，建筑行业开始走向萧条，费城的许多建筑师都处于失业的状态。此时路易斯·康组建了一个建筑研究小组（Architectural Research Group），专门针对现代主义的新思想进行深入探讨。研究小组每周都会组织午餐会议，而路易斯·康天生的教学才华也通过这些会议展现出来，大家都记住了这位"个子不高却一直滔滔不绝的男人"[6]。尽管路易斯·康后来指导的研究生班十分成功，但是此时他的兴趣完全集中在建筑设计而非教学工作上。

直到1947年，路易斯·康开始在耶鲁大学以客座教师的身份从事教学工作，每周有两天时间需要从老家费城赶到耶鲁去上课。路易斯·康深受学

生爱戴,其中一位学生曾回忆道:

> 他的一只手里几乎一直拿着一支碳笔,而另一只手里会经常拿着一根小雪茄。每次他弯下腰给学生看图的时候,雪茄的烟灰都会落在学生们的图纸上。而路易斯·康似乎完全不会注意到这些脏乱的细节,他会直接用碳笔和着烟灰画图,并且用素描橡皮进行修改,也完全不会注意到手上的污渍。路易斯·康有许多原创的教学方法,其中一种叫作"能源图纸(energy drawings)",它是一种快速表达方案中心思想的图纸,旨在进一步深化方案初期的概念表达[7]。

路易斯·康曾在1950年时以建筑师的身份,接受美国学院(American Academy)的邀请到罗马进行为期三个月的访问工作。这次欧洲之行虽然非常短暂,但是却对路易斯·康未来的教师生涯起到了至关重要的作用。它让路易斯·康有机会亲自去体验那些位于意大利(包括他在1929年首次拜访的帕埃斯图姆古城)、埃及以及希腊的古代遗迹。

访问结束后,路易斯·康仍旧以客座教师的身份回到耶鲁大学继续教书。文森特·斯库利(Vincent Scully)曾邀请路易斯·康担任学院主席一职,但是他并没有接受,因为他希望能有更多的时间来扩展他在费城的建筑实践事业[8]。不过,从那时起路易斯·康便开始逐渐远离耶鲁大学——很可能是因为保罗·鲁道夫(Paul Rudolph)的出现,有次鲁道夫工作室的设计题目是一个"售卖冰冻乳蛋糕的路边摊位",而路易斯·康刚好是这次设计的评图人,他认为这样的设计题目并不利于学生的思考。"路易斯·康更倾向于一些更有内涵的设计内容。"而随后在宾大,路易斯·康可以完全按照自己的想法来为学生安排设计题目。[9]

在20世纪40年代中期,路易斯·康成为美国规划与建筑行业中十分活跃的人物,并与哈佛大学出身的建筑规划师霍尔姆斯·帕金斯(G.

Holmes Perkins）成为好友 [10]。二战结束后，帕金斯来到宾大担任艺术学院院长一职。他也是宾大首位提倡现代主义理念的人，并且用建筑学、城市规划以及景观建筑的本科课程取代了原有的艺术学院课程。帕金斯于1955年聘用了当时已经不在耶鲁大学的路易斯·康来宾大教书，并且十分欣赏路易斯·康"敢于反对传统并且勇于创新"的精神。[11]

帕金斯认为，建筑学该属于硕士级别的专业，应该在完成本科学士学位后方能申请。于是帕金斯成立了新的艺术研究生学院，为没有受过建筑专业培训的学生提供了一个三年制建筑学硕士课程，逐渐替代了之前的建筑学本科课程 [12]。在1955年宾大秋季学期开学之际，路易斯·康先是被安排到宾大教授建筑学，同时负责400和501工作室的设计课程，这两班分别是本科4年级和5年级的学生。同时还成立了一个研究生600工作室，命名为"建筑与市政设计"，由帕金斯本人和工程师罗伯特·勒里科莱斯（Robert LeRicolais）负责，且工作室的教学重点是"在市政工程设计中重要建筑形态与社会需求发展和科技进步影响下的建筑结构与机械设备之间关系的实验研究"。[13] 这些课程也为路易斯·康日后的教学重点奠定了基础。威廉·威特肯（William Whitaker）的研究中曾提到，"帕金斯曾一度试图把艺术学院逐渐改变为艺术研究生学院，并且对路易斯·康寄予厚望。"[14] 到了1960年的秋季，路易斯·康被调去负责建筑700工作室。那是一个新的为期一年的研究生课程，招收的学生都曾为建筑学本科或是建筑学研究生学历。路易斯·康在接手这个班级时，帕金斯对他说："按照你自己的想法来做。"[15]

路易斯·康在研究生班所使用的一系列创新教学方法为建筑教育的历史打开了一个新的篇章。不久后，一些建筑教育者将路易斯·康的研究生班的课程称为"美国国内最著名的课程"。[16] 丹尼斯·斯科特·布朗（Denise Scott Brown）曾在1964年秋天加入了路易斯·康指导的研究生班，他回忆说，"在彼得·史密斯（Peter Smithson）的建议下，我为了能加入这个班级才来到了宾大。"[17]

帕金斯和路易斯·康之间的关系其实一直比较紧张，虽然路易斯·康偶尔会受邀出席帕金斯在"冰冻的雷农之家俱乐部"组织的高端私人午餐聚会[18]。不过路易斯·康的一些学生和员工认为，帕金斯会把路易斯·康看作是"一个很有掌控欲望的大明星"，所以并没有全心全意地支持路易斯·康：

> 他们二人经常会产生正面冲突。帕金斯认为路易斯·康是个不现实的空想家。宾大的这个学院一直没有主席，所以帕金斯一直以院长的身份管理建筑与其他几个艺术学院。如果真的要选一个主席的话，路易斯·康肯定是这一职位的不二人选，但是帕金斯一定不会让这种事情发生——他从来不会让路易斯·康来接手自己权限内的设计工作[19]。

路易斯·康曾在20世纪60年代早期的时候告诉他的工程顾问奥古斯特·科门登特（August Komendant），有人委托自己在宾大内设计一个新的艺术学院的教学楼[20]。路易斯·康十分看重这个项目，并且经常和他的研究生班的学生一起热烈地讨论此事。路易斯·康坚信，这幢建筑的位置应该选在校园里，也就是费城西部市区的中心地带，这样才能让师生们感受到城市的活力，将学术知识和实践项目很好地结合在一起。

然而出于政治考虑，这个项目最终却没有委任给路易斯·康，很可能是因为他之前在宾大校园内设计的理查德医疗研究实验室项目存在一些设计问题。然而学生和教工对于这个决定表示十分气愤。路易斯·康也对此表示十分失望，甚至打算辞职。为了避免路易斯·康辞职离开，学校决定邀请路易斯·康出任以他之前的导师保罗·菲利皮·科莱特（Paul Philippe Cret）命名的主席一职。路易斯·康接受了这一职位，但是拒绝在新建成的教学楼里上课，他将自己的研究生班安排在宾大的费舍尔艺术图书馆内（Frank

Furness' Fine Art Library）²¹（事实上，路易斯·康会出席周五下午学生组织的"幸福时光"讨论会，所以仍旧会时不时地进入那幢新建成的教学楼）。

随后的日子里，宾大很快确立了自己鲜明的学术立场，并且刻意与其他建筑类的常春藤院校保持区别。老理查德·T·里普（Richard T. Reep Sr.）于1962年就读于路易斯·康的研究生班，他曾与同时期毕业于耶鲁大学的查尔斯·格瓦斯梅（Charles Gwathmey）一同讨论过宾大与耶鲁的一些不同之处。当他们二人对比各自学校毕业的建筑行业内的知名毕业生时，"格瓦斯梅的优势一下就凸显了出来"。他们对此列出了如下几点区别：

那些希望未来能够在建筑行业里大展宏图、成就一番事业的人往往选择耶鲁，而那些想要寻求真理的人才会选择宾大；耶鲁的学生善于为自己描绘一张美好的蓝图，而宾大的学生更愿意不断自我反省；耶鲁的学生更温文尔雅，宾大的学生则更随意自得；如果耶鲁是圣公会教徒，那么宾大就是贵格会教徒；耶鲁更现代，而宾大（因为路易斯·康的教学理念）则更传统。²²

帕金斯为宾大做出的最伟大的贡献就是聘用了一批才华卓越的教师，为宾大的发展指明了新方向。除了路易斯·康，当年来到宾大的老师还包括罗伯特·格迪斯（Robert Geddes）、罗纳多·久尔格拉（Romaldo Giurgola）、刘易斯·芒福德（Lewis Mumford）、斯坦尼斯拉娃·诺维茨基（Stanislawa Nowicki）、乔治·奎尔斯（George Qualls）、罗伯特·文丘里（Robert Venturi）和工程师罗伯特·勒里科莱斯。同时，帕金斯还聘请了巴克里希纳·多西（Balkrishna Doshi）、阿尔多·凡·艾克（Aldo Van Eyck）和奥斯卡·斯托罗诺夫（Oscar Stonorov）作为客座教师。在路易斯·康精神的领导下，每一位教师的付出形成了20世纪70年代费城学院的中坚力量。在这个"杰出的前任教师团队"的努力下，宾大迎来了它的鼎盛时期，一度成为"全美最活跃的建筑类院校"。[23]

这十年多来，艺术研究生学院师生共同努力，打造出一所在建筑学、城市规划以及景观建筑领域中，在全美甚至在全世界范围内知名的院校，在培养设计师的理性思维能力的同时，也注重艺术修养的提高。在新的思想和价值观以及普遍存在的乐观主义精神的影响下，理论研究和实践应用的结合，积极地推动了整个学院的发展。而这种耳目一新的变革，也让宾大早期的历史类和传统的美术学院风格的教学方法退居二线。[24]

费城学院的这批新一代的教育实践工作者，敢于挑战"属于二战之前的那种简单且流于形式的建筑风格，敢于挑战如菲利普·约翰逊（Philip Johnson）、埃罗·沙里宁（Eero Saarinen）、保罗·鲁道夫和凯文·洛奇（Kevin Roche）这一类的建筑大师"。路易斯·康、文丘里、久尔格拉和查尔斯·摩尔（Charles Moore）等人所带领的这股新生代力量，和耶鲁形成了一种制衡，画出了一条"宾大—耶鲁轴线"。[25]

尽管当路易斯·康在 1955 年到宾大就任时已经 54 岁了，但是他作为教师的卓越才能是在他就任后的岁月中才逐渐显现出来。从 1960 年开始，直到路易斯·康于 1974 年去世，路易斯·康将自己的精力平分给他的建筑实践工作和研究生班的教学工作。通过教授研究生班，路易斯·康最终成功地探索出一种独特的建筑学专业教学方法。

本节参考文献

1. Joan Ockman, ed., with Rebecca Williamson, research ed., Architecture School: Three Centuries of Educating Architects in North America, (Washington, DC: Association of Collegiate Schools of Architecture, 2012), p. 81.
2. Ann L. Strong and George E. Thomas, The Book of the School: 100 Years, The Graduate School of Fine Arts of The University of Pennsylvania (Philadelphia, PA: University of Pennsylvania, 1990), p. 37.
3. Carter Wiseman, Louis I. Kahn: Beyond Time and Style (New York: W. W. Norton & Co., 2007), p. 26.
4. David B. Brownlee and David G. De Long, Louis I. Kahn: In the Realm of Architecture (New York: Rizzoli International Publicational Publications, 1991), p.21.
5. Kahn, as quoted in Richard Saul Wurman, What Will Be Has Always Been: The Words of Louis I. Kahn (New York: Access Press and Rizzoli International Publications, 1986), p. 121.
6. David P. Wisdom, as quoted in Brownlee and De Long, p.25.
7. Wiseman, pp. 56-57.
8. Brownlee and De Long, p. 46.
9. Brownlee and De Long, p. 62.
10. Brownlee and De Long, p. 34.
11. Wiseman, p. 83.
12. Strong and Thomas, p. 137.
13. University of Pennsylvania Bulletin, vol. 56, no. 6 (December 16, 1955).
14. William Whitaker, letter to the author, May 16, 2014.
15. Wiseman, p. 83.
16. Norman Rice, letter to Kahn, describing a conversation with "Professor George of the University of Kansas" (probably Eugene George), May 18, 1964, Kahn Collection, A~RC/17.
17. Denise Scott Brown, interview with author, May 9, 2012.
18. Wiseman, p. 91.
19. Thomas (Tim) Vreeland, as quoted in Wiseman, p. 84.
20. August Komendant, 18 Years with Architect Louis I. Kahn (Englewood, NJ: Aloray, 1975), p. 175.
21. Ibid., pp. 176-177.
22. Reep, Richard T. Sr., "The Icon: Memories of Lou Kahn's Master's Class, 1961-62," unpublished essay.
23. Wiseman, p. 82.
24. Strong and Thomas, pp. 148-149.
25. Ockman and Williamson, p. 171.

二、路易斯·康的教学理念

路易斯·康的非传统教学理念主要体现在三个方面,每个方面都体现出与当时流行的现代主义风格的不同。他提倡学习传统美术学院风格的优点,同时以一种新的眼光来看待历史,强调秩序、纪念性和个人直觉的重要性。他希望从新柏拉图主义的角度来看待现实问题,这种思想对他设计初期的想法以及建筑理念的形成都有一定的影响。同时,他反传统地甚至有些激进地认为建筑师在当今社会中有着举足轻重且不可替代的作用。

1. 美术学院风格的影响

随着路易斯·康自创的设计和教学方法的成熟,他在美术学院风格培训方面的才能越来越受到大家的认可。他会从费舍尔艺术图书馆的珍藏书籍中选取大量的美术学院风格建筑效果图纸,然后充满热情地给学生们讲解这些建筑优雅的细节以及设计的前瞻性。于1964年毕业的研究生班的约翰·雷蒙德·格里芬(John Raymond Griffin)曾回忆说:"有次路易斯·康说'看到那些设计在重要节点上的滴水嘴兽雕像了吗?不要害怕那些狮鹫兽(和Griffin同音)。'当时我周围的一些同学听到他说到 Griffin 这个词,还因为和我的名字同音而偷笑。"[1]

路易斯·康接受的是传统的美术学院教育,同时他还曾以建筑师的身份去过罗马的美国学院,期间亲自参观了许多古代的建筑,他一直寻求如何把传统建筑中的纪念性融入现代主义风格中,其中就包括符号的象征性表达。对路易斯·康而言,建筑中的纪念性是"建筑结构内部固有的一种精神品质,表达了整个建筑的永恒性,既不能附加其他内容亦不能被改变。"[2] 他的这种想法是出于对建筑精神的考虑以及对历史的尊重,他希望以新的形式来表达传统美术学院风格中那些永恒不变的、有价值的思想,这也成为他教学理念中最核心的部分。

小约翰·泰勒·塞得那（John Tyler Sidener Jr.）最早接受的是现代主义风格教育，后来在路易斯·康的影响下曾在1962年秋季的时候来到宾大读了一个学期的两年制市政设计研究生课程。这次学习让他从一个完全不同的角度来看待传统的美术学院风格：

> 渐渐地，我开始明白这个神奇（尽管我后来才知道）的工作室真正教授的内容。当时有一件事让我相当惊讶，那就是路易斯·康其实非常推崇美术学院风格的场地规划以及建筑设计：那种对称的形式，帕拉第奥设计中所体现的均衡性……他十分关注空间的仪式性。后来我才知道路易斯·康也曾就读于宾大，而他念书的时候，宾大采用的正是美术学院的教育风格……这点也让我更能理解路易斯·康为什么会如此热爱美术学院风格。而且他们当年的老师正是保罗·菲利皮·科莱特（Paul Philippe Cret）。
>
> 当我还是个孩子的时候，我就讨厌伯克利大学校园中心处那几幢美术学院风格的建筑，这些建筑仿佛是一些狰狞的纪念巨石像。但是通过路易斯·康的教授，让我终于了解到这类建筑的价值，甚至还有幸帮忙写了一本关于保护伯克利大学中心美术学院风格建筑的书。[3]

路易斯·康对于建筑本质的不懈探求也是源于美术学院风格的影响。他提倡学生们在接受设计指导之前绘制快速表达概念的草图，这其实和美术学院教学中所提倡的快速设计一样，都是对直觉性创造力的表达（很明显，路易斯·康在耶鲁大学教书期间让学生绘制的"能源草图"，以及他所强调的"形式"，正是受到了快速设计的启发）。路易斯·康也曾解释道："这种草图考验的是我们的直觉，而直觉往往是建筑师最准确的感知能力。我们完全凭借这种直觉的判断能力来绘制这张草图，而我希望教给学生的正是这种判断能力。这也是我唯一教授的内容。"[4]

而传统的美术学院风格也影响了路易斯·康对于实际建筑项目的态度。大多数建筑师在接到项目委托的初期,都只会采用分析性的思维方式单纯依据项目本身进行设计。路易斯·康反对这种做法,并且认为这种做法完全没有必要。"在我看来,建筑师在接手一个建筑项目的时候,所做的第一件事应该是改变它。我们不应该一味地去满足项目自身的要求,而是应该从更宏观的建筑角度来思考。"[5]他的这种直觉性设计的出发点和当时流行的现代主义设计师所坚信的设计即是解决问题的理念正好相反。现代主义强调项目的绝对性,认为项目自身的问题是设计唯一合理的出发点,强调线性的客观的"设计流程",认为主观的直觉是不可靠的。路易斯·康曾说过:

建筑是一个通过思考来设计空间的过程……不应该为了满足客户的需求而填充空间……建筑师创造的空间可以激发人们去使用这些空间,这样才能形成和谐的空间形式从而产生建筑实体。[6]而所谓的解决问题只是一种最基本的手段。如果有天我的事务所沦为解决问题的工具,那么我一定会难过得泪流满面,因为解决问题是最无关紧要的事情。那不过是建筑设计中最枯燥的部分。[7]

为了让大家更好地理解,我将引用出版于1987年的《寻找问题》一书中的一段话作为对比,本书主要是为建筑师解决在流畅的建筑设计中出现的问题,也表达了过去和当下现代主义者对于建筑设计的态度:

建筑师的首要也是最重要的任务,就是设计出建筑项目的基本框架。[8]

大部分设计师热爱手绘,经常绘制一些大家俗称的"示意草图"……不管如何称呼这种图纸,如果不合时宜地(设计开始之前或是设计进行当中)绘制这种图纸,将会严重阻碍一座建筑的成功。在定义整体方案之前,任何设计方案都是不完整且不成熟的……一个有经验且具有创造力的设计师绝对不会在所有信息收集全之前给出任何结论,他们会反对那种预先形成的方案,也不会给出一些迫不得已的解决办法。只有当他清楚客户的症结所在,才会对症下药地给出解决方案。他坚信只有全面地分析才能得出合理的结论。[9]

路易斯·康提倡将项目本身仅仅看成一种引导,这也是美术学院风格所提倡的。他认为,那种根据客户需求而设计的项目其自身从本质上就具有一种相似性,都是预先就可以构想出来的模板式建筑。如此一来,项目自身的特点过于肤浅,将无法表达建筑本身的特质。"所以说,首先要做的就是摆脱项目自身的束缚。"路易斯·康慷慨激昂地说道。相反地,路易斯·康宣扬"非程序化空间",客户过去并没有认识到建筑本质表达的重要性。"真正的建筑师,应该知道如何将实际项目中建筑本身所呈现出的特性传达给客户,从而调整或是加强项目自身的特征,只有做到这点才算真的为客户服务。"[10]

因此,设计并不是单纯地划分地块,而是创造出适合其客户使用的特色空间,从而激发某种活动的产生:

毕竟,如果建筑师接受了某个客户委托的项目,那么他将获得一块用地的设计权。他,也就是这位建筑师,必须能够将这块用地打造成不同的空间,所以说建筑师绝对不是在单纯地分化地块。而且这里强调的空间,并非用天花板分割出来的那种空间,而是一种可以感知,具有场所感的空间。身处于这种空间中,一个人能够感知到差别性。[11]

所以说,在研究场地的特征、建筑材料以及客户的预算和项目要求之前,必须先弄清建筑的这种空间特性。路易斯·康教给建筑师的是一种责任感,让他们重新去理解实际项目的建筑本质，从而反映出路易斯·康所"领悟"的建筑的真正本质，建筑"自身的需求"，从直觉上"去感知一些理应存在的事物"[12]，要依靠直觉而非分析来做设计。另外一位颇具影响力的建筑教育领域的哲学家瓦尔特·格罗皮乌斯（Walter Gropius）也曾强调，艺术创造需要的是"清新的思想，才能免受日益累积的知性知识的影响。正如托马斯·阿奎纳（Thomas Aquinas）所说，'只有倒空我的灵魂，才能让上帝进来。'只有做到彻底的自我清空才能进入创作的状态。"[13]

在路易斯·康的学生当中，有许多人早期接受的是现代主义思想教育，所以他们很难接受路易斯·康的这种教学理念。于是路易斯·康鼓励他们反对之前所学的内容并且试着去相信直觉的力量远远大于他们的分析能力。大多数研究生班的学生接受了路易斯·康的意见，开始挑战设计教学中的主流思想，路易斯·康教给建筑师们的是一种对社会和他们自己的责任感，而不是单纯地依照项目要求来做设计。路易斯·康所提倡的这种理念其实是对本源、事物本质的一种探索，用创造力的根源来代替客户的想法和一些先入为主的观念。

就读于1967级路易斯·康所指导的研究生班的蒂姆·麦金蒂（Tim McGinty），对于路易斯·康的这种教学方法印象颇为深刻：

> 路易斯·康其实是在劝勉建筑师们重新改写他们所设计的实际项目，这种做法在当时虽然谈不上激进，但也是十分具有争议性的……我记得在他的课堂上，他要求我们"克服"项目的"条件"约束，通过某种建筑类型特有的"内在"精神来衡量我们自身，而在这个过程中，条件需求也会随之改变……[14]

如今仍旧有相当一部分院校还是以客户的需求为出发点，以分析的方法来进行设计教学。和路易斯·康同一时期从事建筑行业的工作者中，有一些人质疑甚至是反对路易斯·康的这种设计理念，尤其是他们对于设计初期建筑师的切入点的理解，和路易斯·康有着本质性的区别。路易斯·康的结构工程咨询顾问奥古斯特·科门登特，经常受邀来到他的研究生课堂上讲课，他不仅会批评路易斯·康对于实际项目的态度，以及他过于强调直觉性而忽略理性分析的做法，还认为他的这种教育方法会对学生产生不好的影响。[15]

许多一直接受分析训练以及按照解决问题的思路来做设计的建筑师，十分怀疑路易斯·康所提倡的直觉方法的正确性。而大部分学生都接受了路易斯·康的直觉设计方法，于是便产生一种解放效应——然而在未来的实际工作中，他们会发现，要想把研究生班中所学的内容和现实工作中占据主流地位的现代主义思想所提倡的设计方法相协调使用，并不是一件容易的事情。

2. 新柏拉图主义

路易斯·康在教学中所提倡的第二个核心主题就是新柏拉图主义视角下的现实世界，正是这种思想影响了他的设计出发点。在给研究生授课的过程中，路易斯·康会比较重视每一个作业的初期阶段，对他来说，概念的初始形成阶段是最具吸引力的。所以，与最终成果相比，路易斯·康更关心每一个学生最开始的设计理念。

路易斯·康曾教导学生，作为一个建筑师必须要学会使用自己的直觉能力来发现一个建筑形成之前的"形态"，找到它的灵魂所在，掌握它的"存在意志"，即"这座建筑想要成为的样子"，先不要考虑基地情况或是项目要求，也不要考虑身为建筑师的自己的想法。路易斯·康的这种理念让我联想到柏拉图的《理想国》中的一个比喻，那就是被囚禁在洞穴中的囚犯只能通过投射在洞壁上的影子来了解洞穴外面那个自己从未亲眼见过的世界。

形式具有永恒性，既无法被创造也不能被摧毁：

何为永恒？

何曾为永恒？

何将为永恒？[16]

我们并不清楚路易斯·康关于形式的理念是如何形成的，但是和米开朗基罗的理念十分类似，他们都认为艺术家其实是揭露了一个预先存在的现实世界。而且路易斯·康的理念容易让人联想到荣格的原型理论，二者都是所谓的"集体潜意识"中一种普遍且古老的模式，它们之间的相似性会在第六章中进行详细的探讨。同时也有文献说明，路易斯·康也曾受到过埃及象形文字和德国浪漫主义的影响。[17]

对于路易斯·康来说，形式与其"不可分的部分"之间的关系曾被贴上"秩序"的标签，和路易斯·沙利文（Louis Sullivan）和弗兰克·劳埃德·赖特（Frank Lloyd Wright）所提倡的建筑"有机"理论有些相似。秩序代表着每一个部分彼此之间以及它们和整体之间那种本质的、整合的以及内在的关系，它们构成一种完整的形式，既不用加，亦不用减。路易斯·康也曾为秩序专门赋诗一首：

人也好，象也罢，秩序本相同，

设计却不同。

抱着不同的期待开始，

成就于不同的环境之中。

形式和秩序的形成和形式美感并没有任何关系：

秩序并不等同于美，

同样的秩序既可以创造出俊美的阿多尼斯（Adonis，植物神），也可以创造出丑陋的矮人。[18]

路易斯·康对美感这一概念一直存在着一定的疑问。他曾告诫过他的学生："刻意制造美感是一种错误的做法，这种做法不过是一种类似催眠术的障眼法。在我看来，没有一蹴而就的美。一切必须从追本溯源开始。"[19]

　　当初步形式成为现实的时候，通常其貌不扬。路易斯·康曾说过，"只有见过丑陋才能创造美丽"[20]。因此，在路易斯·康看来，古代的帕埃斯图姆神殿要比随后出现的帕提农神庙更伟大，因为是前者成就了后者。尽管与帕提农神庙相比，帕埃斯图姆神殿显得过于粗犷，而且也缺乏复杂巧妙的比例，但是帕埃斯图姆神殿是首个将希腊神庙的形式淋漓尽致地表达出来的建筑，因此，帕埃斯图姆会给人一种更强烈的震撼的感觉。[21]（不过上述说法并不能证明路易斯·康不注重视觉效果。他也曾说过："建筑应该光芒四射。"[22]）

　　尽管形式和秩序可以通过图纸的方式表达出来，但是脱离了具体的外型或尺寸，形式只能是单纯的概念。它是非物质化，是在建筑领域中预先存在的一种本质。所以形式是用来发现或是"实现的"，并不是后天发明创造的，而路易斯·康在研究生班教授给学生们的正是寻找这种潜在本质的方法。比如要设计一所学校，他并不赞成完全按照任务书的需求来设计，而是希望学生们先从探索学校的形式入手。路易斯·康的这种富于争议的教学理念强调的其实是建筑师的责任，如果一个项目的要求会阻碍该建筑所需形态的生成，那么身为建筑师，就有责任去改写项目任务书，甚至是项目的预算。

　　只有当形式确立了之后，才能开始进入真正的设计阶段，通过设计将最合适的想法融入具体的"环境条件"中。设计其实是一个将概念实物化的过程，将不可度量的无形概念变成可以度量的有形实体，同时保证建筑最初的形式不会改变：

　　　　形式不带有任何的个人色彩，也不属于任何人。而设计却非常个性化，是设计者本身能力的一种体现。所以说，设计是一种条件化的行为：它取决于设计费用的多少，同时和场地特点、开发商以及设计者的知识水平存在一定的关系。但是形式却和这些限制条件没什么关系。从建筑学的角度来说，合理的形式以空间的和谐为特征，有利于特定人类活动的进行。[23]

在路易斯·康看来，即便设计是一种个性化的行为，它仍旧不应该追随潮流，更不该拘泥于形式。相反，设计应该表达建筑的精髓，表达形式的每一种构成元素，同时也要兼顾物理结构原理，以确保建筑工程的实施。为了进一步解释设计思想，路易斯·康以自己设计的布林莫尔学院（Bryn Mawr College）的女生宿舍为例：

外在的条件会激发我们去思考——以建筑知识为例，比如设计一个寝室楼，就需要掌握关于这类建筑的特殊知识。当开始构思设计的时候，设计师对这个建筑本身一无所知，但是必须清楚这样一栋建筑的本质特点。要清楚女生寝室和酒店房间、公寓大楼甚至是男生寝室在本质上的区别。

女生寝室肯定要和男生寝室有所区别。比如女生寝室需要更多地体现出一种家的氛围……[24]

如果有一个成功的设计方案，完成后的建筑可以很好地展现出建筑不可度量的特质，可以很真实地反映出建筑该有的内涵形式：

设计其实是思想实体化的过程，将建筑师感知到的形式通过设计的手法表达出来，你必须要思考通过何种手段来保留住你所感知到的东西，同时将你脑海中的形式呈现出来——这就是设计的全部过程。[25] 在我看来，一个伟大的建筑，必须从不可度量的部分入手，然后通过设计让它变得具体，变得可测，不过最后呈现给世人的，应该还是这幢建筑不可度量的那种内涵。[26]

这种"不可度量"的说法，其实是路易斯·康创造的一种专有名词，用来表达他所谓的形式，并不同于"不可测量"，加文·罗斯（Gavin Ross）毕业于1968年的研究生班，她曾对此表达过自己的理解：

我们十分有必要了解这两个词的区别。如果合适的工具存在，不可测量所包含的内容其实是可以测量的。但是不可度量一词，所描绘的是那些彻底不可测量的内容。因此，当他谈到创作"快乐"这种感觉的时候，其实快乐本身是不可度量的，但是却是一种十分重要的感觉。如果仔细观察路易斯·康的思考过程就可以发现，他所强调的这种直觉其实依赖的是建筑师的才华，所寻求的那种感觉其实是通过缜密的思考得来的，所以说这种不可度量的内容其实是一个设计的出发点。[27]

路易斯·康所谓的这种不可度量的概念其实是一种无形的概念，只存在于人们的脑海中，是一种理想化的形式，而且无法彻底地呈现出来，只可能尽量靠近，但是无法彻底拥有。当一个人开始设计的时候，便开始尝试把这种不可度量的内容转化成可以度量的实体表达出来，而在这一过程中，经常会失去一些东西。正如路易斯·康所说："当我用笔画出第一道线来描绘我的梦想时，梦想的美好就开始流逝了。"[28]

同样的形式下，会产生多种不同的设计方法，而研究生班就是一个探究同一形式下的不同设计方案的实验室。路易斯·康认为，如果班级里的所有方案能体现出一种共通的合理形式，那么这次设计任务就是成功的。其中有一次，路易斯·康安排学生们设计一个希腊东正教的教堂。任务下来后，同学们讨论的重点集中在教堂的庭院、学校、社区中心和前廊之间的关系，以及这些传统空间在当今时代下的合理性，正如路易斯·康所阐释的那样。神父介绍了教堂各个空间的具体功能，我们也参观了一部分教堂来了解内部的宗教仪式特点。原本的想法是把学校和社区中心放在庭院的另一侧。

经过几轮关于宗教环境场地的探讨，最后全班同学都认为应该改变前廊固有的形态。前廊应该作为学校和社区大厅共用的入口。[29]

不过，路易斯·康所提出的想法和现实中的最终建筑方案并不一致。还有一次，路易斯·康把自己事务所正在设计的项目拿到了课堂上面，设计的题目是位于伯克利的加利福尼亚大学的劳伦斯科学馆。经过探讨，班里最终认为这幢建筑的合理形式应该呈一个球形——也是一种最不切实际的建筑形式。[30] 实际上，班里达成共识的事实，恰好验证了路易斯·康对于普遍形式的看法。在路易斯·康看来，形式的实现和实践能力并没有任何关系。

路易斯·康的许多同行接受的都是现代主义思想教育，所以大部分人都不是特别看重历史的重要性。而路易斯·康一直都是从古代建筑作品中吸取创作灵感和经验，比如帕埃斯图姆神殿和帕提农神庙。他经常提到的古代建筑作品正是帕提农神庙，他认为这件作品的设计很成功地反映出内部蕴含的形态，"它是一个通用的宗教类空间。"[31] 同样，路易斯·康也会说到希腊的柱廊：

没有任何划分空间的墙体，只有一系列的柱子来进行围合。这样的空间反而更有利于行为的发生。商铺形成了，于是为人们提供了会面的地点。所以就有遮阳的需求，于是建筑，为了满足人们的需求而顺理成章地出现。于是你会意识到一些你无法定义但是必须要设计出来的东西……其内部的建筑品质确实可以确定。这个空间将会和所有宗教类空间拥有一样的特质，甚至一些随意摆放的石头都能呈现出这种神圣的特质……比如神秘的巨石阵。就是这么神奇。这也是建筑的起源。你看，建筑其实并没有什么具体的指导手册。建筑的出现并不是因为某个实际的问题，而是当人们感到需要在世界中打造另一个世界，便有了建筑。[32]

这种预先存在的形式，这种新柏拉图主义的"世界中的世界"，其实就是一个建筑师设计的出发点，然后他还需要将这种形式用实体物质具体化，这是路易斯·康经久不衰的设计理论，也是他在研究生班上反复强调的内容。

3. 社会中的建筑师

路易斯·康在教学过程中几乎不会提及建筑实践的内容，而且他十分关注建筑师在当今社会中的角色，这也是他的教学理念的第三大特点。路易斯·康经常在课堂上跟同学探讨建筑师在实践工作中道德方面的问题。路易斯·康认为建筑师并不是一个商人，也不是一个单纯满足客户需要的问题处理员，也不应该只考虑到自己事业的发展。路易斯·康曾建议学生们："永远不要把你的职业看成那样。这种想法会毒害一个人的思想，我就曾亲眼见到我身边许多才华横溢的同行，因为'事业心'过重，而浪费了自己的天赋。"[33]

路易斯·康对于建筑师和建筑行业专家有着明确的区分，在路易斯·康的眼里，这两者有着本质的区别：

如果你是一位建筑行业的专家，那么你很有可能不是一位建筑师。要想成为一名建筑师，有时你需要抛开一些固定的专业知识。过多的专业知识只会束缚你的灵感。[34]

……我们以成为一名真正的建筑师为目标，而不是仅仅做一位专业人士。因为过多的专业知识会淹没你的才华。专业知识掌握得越多就会越容易让你觉得泰然自若，甚至自以为是……久而久之，容易迷失自我。当然，你也可以选择做一个成功的商人，每天打着高尔夫的同时还可以在世界各地实施各种建筑项目。但是这样的生活对于一个建筑师来讲有什么意义呢？这种丧失设计乐趣的日子真的能让你快乐吗？我认为作为建筑师我们一定要非常享受我们的工作，并且能感受到设计带给我们的愉悦感。如果你正在设计的内容并不让你感到快乐，那么一定是你没有用心。虽然工作中也会出现一些瓶颈让你痛苦不已，但是总的来说，一定是快乐多过痛苦。[35]

尽管路易斯·康从来不会在课堂上批评某些建筑师或是专家，但是私下里和科门登特聊天的时候，他却从来都是直言不讳。[36] 路易斯·康不能接受设计是一个"流程"的说法，他认为这是一种付钱的想法。路易斯·康曾讽刺说："只有酒才需要制作流程。"[37] 他曾说过，越来越多的建筑师都把注意力放在利益上面，而忽略了对于"建筑领域"的追求。建造楼房和设计建筑是完全不同的两个概念。"如果过度考虑建筑专业知识方面的内容，就做不出好的作品。但是如果以建筑自身为出发点，就一定能激发无限的潜能。"[38]

对那些为专家名誉所困，只求盈利而设计引人瞩目的建筑人，路易斯·康表示不屑：

我认识一些建筑师，他们一生中作品无数，也承接过许多大型的建筑项目，但是内心中真正期待的，只不过是一座能够真正表达自己思想的小建筑，因为只有这样的作品才能算得上为建筑领域做出了贡献。因为在现实生活中，大多数建筑都是为了满足市场需要，所以这类建筑并不被建筑领域所认可。[39]

在路易斯·康看来，建筑师的商业化已经成为一种发展趋势，他对此表示强烈反对，尤其反对那些大型的商业建筑公司，培训建筑师的专业技能，提倡团队合作一同完成设计项目，或是仅仅关注建筑的某个细节。"团队合作往往设计不出好的作品。团队合作完成的项目随处可见，但是杰出的设计往往都是由某个建筑师独自完成的。团队从来设计不出优秀的作品。"[40]

相反，路易斯·康提倡建筑师应该作为一位独立的艺术家，挖掘项目内在的本质，把重点放在建筑整体综合的性质上面，而不要过度注意某些细节部分：

> 只有当建筑师从全局的角度来思考问题的时候，他才能抓住他所创作的艺术品的精髓和其中的秩序。如果以团队为单位进行设计，那么团队中的每个成员分别有自己负责的领域，也就意味着他们只能满足一些暂时性的条件需要，针对某一部分进行设计。只有当建筑师追随内心的设计欲望，而不是仅仅根据需求来做设计，才能更深入地了解到建筑的本质。而且设计师、艺术家、建筑师或是工程师可以通过了解传统建筑来推测出哪种形式的建筑才能经得起时间的考验。[41]

曾有人问路易斯·康，"为什么我们的环境、城市都开始衰退了？"路易斯·康对这个问题的回答也再次说明了他对建筑行业内设计团队的态度：

> 城市也好，环境也罢，从建筑的角度来看，它们的衰退主要是因为当今那些大型建筑公司对于真正建筑的价值和精髓的漠视。为了迎合市场的需求，出现了一批建筑行业的专家团队，他们只看重项目背后的经济效益，从而让一些优秀的个人建筑师无处谋生，让一些好的设计方案无处实施，于是出现了一大批只注重数量而缺乏质量的作品。[42]

最后，我想说的是，在路易斯·康的那个时代，他对于大多数建筑师而言是一位极其重要的精神领袖，因为他坚持探索建筑的本质，敢于同行业内的主流思想做斗争。路易斯·康让人们开始重新关注历史，让人们开始关注建筑的秩序性、仪式性，提倡向美术学院传统风格学习，坚信直觉的力量。路易斯·康坚持自己独特的设计切入点，坚持从新柏拉图的角度探求建筑的形式，降低主观意向和客户需求对于建筑的影响。在实际项目中，路易斯·康反对建筑师过度专业化，也反对大型的建筑集团，提倡重新定义建筑师在社会中的角色。对路易斯·康而言，建筑师应不应该成为解决问题的行业专家，真正的建筑师都应是艺术家。

本节参考文献

1 John Raymond Griffin, "Recollections on Louis Kahn," unpublished manuscript provided to the author, 2012.
2 David B. Brownlee and David G. De Long, Louis I. Kahn: In the Realm of Architecture (New York: Rizzoli International Publications, 1991), p. 43.
3 John Tyler Sidener Jr., "Me and Lou," unpublished essay, 2011.
4 Brownlee and De Long, p. 22.
5 Kahn, as quoted in Richard Saul Wurman, What Will Be Has Always Been: The Words of Louis I. Kahn (New York: Access Press and Rizzoli International Publications, 1986), p. 89.
6 Ibid.
7 Ibid., p. 28.
8 William Pena with Steven Parshall and Kevin Kelly, Problem Seeking (Washington, AIA Press, 1987), p. 12.
9 Ibid., p. 28.
10 Kahn, as quoted in Wurman, p. 24.
11 Kahn, as quoted in Alessandro Vassella, Ed., Louis I. Kahn, Silence and Light (Zurich: Park Books and Louis I. Kahn Collection, Unibersity of Pennsylvania, 2013), p. 40.
12 Kahn, as quoted in Wurman, p. 78.
13 Walter Gropius, Scope of Total Architecture (New York, Collier Books, 1955), pp. 32-33.
14 Tim McGinty, letter to the author, February 2, 2014.
15 August Komendant, 18 Years with Architect Louis I. Kahn (Englewood, NJ: Aloray, 1975), p.185.
16 Kahn, as quoted in Wurman, p. 116.
17 Brownlee and De Long, p.72.
18 Louis I. Kahn, "Order Is," as quoted in Vincent Scully, Louis I. Kahn (New York: George Braziller, 1962), p. 113.
19 Kahn, as quoted in Brownlee and De Long, p. 15.
20 Kahn, as quoted in David Bernstein, class notes provided to the author, 1961.
21 Brownlee and De Long, p. 15.
22 Kahn, as quoted in Fred Linn Osmon, "An Interlude - The Louis I. Kahn Studio," unpublished essay, 2014.
23 Kahn, as quoted in Wurman, p. 89.
24 Ibid., p. 3.
25 Ibid., p. 213.
26 Ibid., p. 89.
27 Gavin Ross, letter to the author, October 11, 2011.
28 Kahn, as quot in Louis Kahn: Essential Texts, ed. Robert Twombly, (New York: W. W. Norton& Co., 2003), pp. 62-63.

29　Kahn, as quoted in Wurman, p. 22.
30　Brownlee and De Long, p. 62.
31　Kahn, as quoted in Twombly, p.135.
32　Kahn, as quoted in Wurman, p. 59.
33　Griffin.
34　Kahn, as quoted in Wurman, p. 134.
35　Kahn, as quoted in Twombly, p.280.
36　Komendant, p. 188.
37　Kahn, as quoted in Karl G. Smith II, interview with author, May 7, 2012.
38　Ibid.
39　Kahn, as quoted in Wurman, p. 73.
40　Ibid., p. 32.
41　Kahn, as quoted in Komendant, p. 173
42　Ibid., p. 174.

三、树下的男人

路易斯·康在研究生班的授课工作体现了他所提倡的教学方法,更体现了他的教学理念。"在路易斯·康看来,我学故我在。学习的本质其实是对生命的一种探索……"[1] "学习"其实和"会面""上进"一样,都是人类特有的三大重要灵感来源。路易斯·康坚信学习的重要性,他曾说过"学习是灵感的基石。我们学习并不是出于某种义务,而是一种与生俱来的能力。而人类这种天生的求知欲,才是我们最伟大、最重要的灵感来源之一。"[2]

路易斯·康在教学领域中的同事,也是路易斯·康毕生的挚友,诺尔曼·莱斯(Norman Rice)曾透露,路易斯·康在高中的时候并不是一个特别优秀的学生,事实上,他"经常处于及格的边缘"[3],当然这主要是因为那段时期强调的是学生对于知识的积累而非直觉的培养。路易斯·康一生对于"信息"持一种反对态度,反对依靠数据和社会学来做设计的人,尤其是这种类型的城市规划师。路易斯·康早年在学校中不尽如人意的成绩,以及他早期在学术圈外非正式的教学经历,包括20世纪30年代在建筑研究小组中的工作,让他逐渐形成了一种"反传统教学"观[4],也让他始终坚持天赋和直觉的重要性要大过于理论知识的观点。

尤其是对于未来建筑师的培养方面,路易斯·康明确地表达了自己对于科班教学的反对态度。"为什么年满六岁就一定要接受教育……?而且为什么一个人必须要获得这些学位证书才能从事某种行业。当下盛行的这种学术框架在我看来是人类最糟糕的制度体系之一。"[5] 真正重要的其实是掌握那些能够进一步开发个人天赋的工具。在路易斯·康看来,这些才是一所学校应该教授的内容。任何一位有影响力的导师、一个工作室甚至是一家商店都可以教授这些内容。

尽管路易斯·康并不是十分精通土木工程以及科学技术方面的内容,但是他却经常通过一种比喻的方式将科学理论和建筑设计联系在一起，尤其是在他对"本质"的探索工作中。路易斯·康把地球比喻为一段"长达130亿年的回忆"，而把岩石比作"失去效能的光"。路易斯·康当年和阿尔伯特·爱因斯坦认识，而爱因斯坦那时也强调，我们必须从科学和艺术两个维度来思考，才能全面地了解这个世界。他曾说道："艺术是科学和宗教的混合体。"[6]

路易斯·康曾对学生们说过："我相信，我们的求知欲望其实才是一切的本源。自然、物质属性都是通过人类的求知欲望形成的。"路易斯·康之所以会有这样的感悟，很可能是由于他对于地质沉积构造或是对树木年轮生长的入微观察。"当下的我们包含了我们过去如何成长的全部过程，从这个角度来讲，也就包含了我们从产生好奇、求知到学习的整个探索过程，而这一过程其实就是我们如何被塑造的过程。"[7]

路易斯·康的教学理念主要是受到了两种传统教学方法的影响，一种是苏格拉底问答法，另一种是塔木德方法——一种犹太传统的寓言和悖论方法。除此之外，路易斯·康还强调"做什么"和"如何做"的区别性。上述三种思想的共同之处，就是通过不断地提出问题，不断地进行探索，来发现建筑项目背后所隐藏的真正含义。正如路易斯·康经常强调的，一个好问题强过一个完美的答案。

1. 苏格拉底问答法

尽管一直以来，许多学科领域都在应用苏格拉底的问答式教学方法，但是建筑设计专业中却不曾有人运用过该方法。相反，在设计行业中，课程框架的核心原则往往都是依据传统的工作室学徒式背景制定的，主要是由一个老师负责若干名学生，然后学生坐在自己的绘图桌旁，通过和老师进行一对一的对话，来完成设计任务。学生和老师间的对话内容，主要是针对学生所完成的图纸和模型中表达出来的设计方法，然后老师会对设计理念进行评价，指出设计上的缺陷，以及需要进一步研究的部分。在这样的过程中，除了早期的任务分配和最终的"评图"阶段，几乎没有小组讨论的部分。在这种教学模式下，苏格拉底的问答式方法几乎无法施展。

路易斯·康教过的学生经常会回忆起路易斯·康的这种非传统型教学方法以及他对于工作室形式教学方法的反对，他会组织学生以研讨会的形式进行分组讨论。讨论的重点往往并不是每个学生自身的设计想法，而是站在一个宏观的视角，从宽领域的范畴中讨论一些和建筑领域相关的哲学议题。毕业于1964年研究生班的马克斯·A·鲁滨（Max A. Robinson），曾评价过路易斯·康的这种宽领域研讨会：

他的教学方法更像是一个探索的过程，在路易斯·康组织的班级研讨会上，他通常是先从宏观层面探讨一下建筑领域和工作室的一些实际项目，然后引导学生进一步地深入挖掘其中的真正内涵。路易斯·康的作品善于营造宁静的氛围，描绘光线的运动以及制造惊讶或是喜悦感，从他的作品中总能感受到理性和感性的碰撞，一些出乎意料的动人之处，他的作品中所体现出来的这种可度量以及不可度量的品质，给了人们一个了解他的思想深度和广度的途径，并且也成为我们进行自我衡量的一把标尺。他的教学方法与我本科时期所接受的那种关注个人作品完成情况的方法和一对一评论式的辅导方法完全不同。路易斯·康的研究生班工作室会针对某一主题提出一种设计问题，然后通过持续的小组交流的方式，站在一个更宏观的角度来探讨更有意义的问题，从而激发大家探索问题的本性。课程的重点往往并不是建筑本身，而是自己面对这一问题时所采取的解决方法，关注的并不是最后完成的某样建筑设计作品，而是学生通过这次设计能受到怎样的启发，这一点也正是他做设计时所采取的态度。[8]

和苏格拉底一样，路易斯·康坚信"学习其实是一个自我认知的过程"[9]，并且老师的作用其实是根据学生个人的经历来挖掘他自身的潜力。随着人生阅历的增长，菲克列特·耶格（Fikret Yegul, 1966年）回忆起当年在研究生班读书的日子，越来越欣赏路易斯·康的这种教学风格。他始终记得，路易斯·康在自己的教学工作中，特别强调不断探索的重要性：

路易斯·康在宾大的研究生班课程和我之前接触过的任何课程都不同。他的授课方法在当时的美国国内绝对是独一无二的……我们当年会围坐在一个很大的橡树桌子边，有路易斯·康，有罗伯特·勒·里克莱斯（Robert Le Ricolais）和诺尔曼·莱斯，我们当时讨论了很多关于建筑中的文化、精神甚至是神话方面的内容。

这些话题对于当年只有23岁的我来说有一些晦涩。路易斯·康希望我们能够去探索引发这一问题的内在原因，然后再决定自己的设计内容，无论是一所学校，一座丰碑，还是一个"真正属于人们的地方"。我后来才意识到，他的这种教学方法和苏格拉底的问答式教学方式十分类似：路易斯·康也喜欢提出一个问题，然后让学生们一起反复探讨这一问题，用一个问题引发一连串的问题。

直到后来我才意识到这些"探索"以及这些对于建筑本质的启发式思考过程的重要性，随着年纪的增长，我越来越能理解其中的价值，也越来越欣赏他的这种做法。这种苏格拉底式的教学方法，提倡所有人围坐在一张大桌子旁，以一种最佳也是最真实、民主的形式共同进行探索、争辩以及探讨，在我看来，这也是一种"圆桌会议"的风格。这种教学方法也是路易斯·康在建筑教育领域做出的最杰出的贡献。这种方式最大限度地激发了人们坦诚相待的态度；置身在讨论中的我们可以切身感受集思广益以及思想碰撞的重要性。

第一部分 探索"不可度量" / 043

"这是我见过的最有效、真诚且民主的授课方式,就像是苏格拉底的'圆桌会议'一样,大家围着一张大桌子坐下来,一起研究、辩论然后共同探讨。"(菲克列特·耶格,研究生班,1966年)[摄影师:汉斯·纳穆斯(Hans Namuth),1971年,照片由亚利桑那大学创意摄影中心提供,1991年,汉斯·纳穆斯]

路易斯·康曾说过,他十分喜欢那些大家坐在一起,像苏格拉底一样去思考,提出问题并思考答案的漫长下午。他自己也会在那种开放探索的氛围中,从学生身上学到很多东西。从9月份一直到下一年的6月,每个下午我们都会和这位伟大的思想家坐在一起进行激烈的思想碰撞,然而令我惊讶的是,很多人都忽略这些研讨会对路易斯·康的建筑生涯的影响。[10]

麦可·贝奈(Michael Bednar,1967年)也曾对路易斯·康的教学方法表达过自己的看法:

路易斯·康所指导的这种为期一年的工作室课程,最根本的教学目标是帮助学生形成一种解决建筑问题的哲学思想。这种思想旨在让学生学会发现问题，去挖掘并且去探索建筑的本质。路易斯·康反对预先设定的方法，反对假设。在路易斯·康的课堂上，并不是要教给学生某种特定的知识，而是要培养学生的专业态度和职业信仰。路易斯·康希望教给学生们的是一种可以受益终身的哲学层面的设计方法。因为任何一种特定领域的知识的有效性都是短暂的，而信仰的价值却是永恒不变的。[11]

小查尔斯·E·达继特（Charles E. Dagit Jr.）是1968年研究生班的学生，他也曾说过路易斯·康的教学重点其实是鼓励学生们寻找自己的建筑立场以及价值取向，"认识自我，找到自己的方向……路易斯·康其实是希望帮助我们成为真正的自己，所以说，他教给我们的早已经超出了建筑设计的范围。"[12] 对于参加1960年研究生班的J·迈克尔·柯布（J.Michael Cobb）来说，路易斯·康的教学目的主要体现在两个方面："因为路易斯·康的一生一直在探索建筑与设计的方法，所以他通过教学，会从学生身上获得新的启示，同时，他也会鼓励我们去探索我们自己的发展方向……他希望整个班级能够'透过现象看本质'，抓住事物的本质，"同时路易斯·康还教导我们，"有时我们会十分讨厌最终的设计结果，但是并没有关系——你要做的就是把这张图撕了然后重新开始——而这就是我们学习的过程。"[13]

2. 塔木德方法

路易斯·康是犹太人，所以他受到了犹太传统研究方法的影响，重视"主要矛盾的和谐性，以及明显的非相关因素的内在联系"。[14] 路易斯·康通过研讨会的形式，在教学过程中频繁使用比喻、神话、寓言以及传说，来向学生阐释自己在对建筑思想追本溯源的探索中，所领悟到的一些哲学思想。这种方法有利于学生意识到自我认识的不足，学会从另一种角度来重新审视建筑。

世人所熟知的路易斯·康的警句格言，也体现了他的这种悖论式的思考方式以及对于现实本质不断探索的精神。"我问砖，你想成为什么？于是砖对我说：'我爱拱券。'"路易斯·康还曾在听完一个学生的发言后评价说："造物主绝对不会创造两只一模一样的狗，然后让一只吃草，一只吃肉。"15

1964年研究生班的学生托尼·容克（Tony Junker）也曾表示过，路易斯·康的这种特有的表达思想的方式会给听者留下极其深刻的印象：

路易斯·康不仅拥有天马行空的想象力，还善于自由地运用语言，这使得他的表达方式往往反常规、反传统，因此常常令人印象深刻。在某次探讨中，路易斯·康想要告诉我们他并不赞成在平地上建造塔楼这种设计方法（比如丽华大厦）。于是他说，这种做法就像是在沙滩边上看见一个陌生人，而且这个人的下半身都泡在水里——所以你完全不知道他/她下面穿了什么。尽管这种说法听上去十分奇怪，但是路易斯·康却把自己的想法形象地表达了出来。路易斯·康时常会用这种方式来表达自己的想法，尽管有些人会认为这种表达方式有些不合理，但是事实就是——人们牢牢地记住了路易斯·康想表达的意思。16

菲克列特·耶格（1966年）回忆起某个下午上课的情形，"当时我们在探讨'外部'与'内部'的真正意义"，然后路易斯·康给学生们举了一个古老的寓言故事的例子，讲的是一个寓言家和他的妻子：

故事的开始是一个晴朗的日子，预言家走出了家门，深深地呼吸了一口新鲜的空气，感觉十分清新，于是预言家对他的妻子说："老婆，快到屋子外面来，看看上帝为我们创造了什么！"他的妻子此时正待在阴冷黑暗的房子中，于是回答说："还是你进来吧老公，你就知道上帝到底都做了什么了！"17

对于一些人来说，路易斯·康是一个谜一样的人物。尽管，路易斯·康并非一个保守的犹太人，但是他有着强大的精神世界，而且他十分了解犹太神秘主义的真正含义。不知道是有意还是无意，路易斯·康的概念作品，位于费城的以色列犹太教会神圣洗池的平面图，和一张名为《保罗·雷克奇奥的生命树》(Tree of Sefiroth from Paulus Ricius)[18]的16世纪的图像十分相似。

路易斯·康在20世纪60年代的一次讲座上曾讲过一则关于学校由来的寓言故事，后来这个故事广为流传，《美国之声》还将其收录并且在课堂上重复播放：

"树下的男人将自己的一些领悟讲给围坐在树周围的几个人听，讲的人不知道自己此刻其实是一位老师，而听的人也全然不知自己学生的身份，而这一场景正是学校的最初形态。"（路易斯·康）（作者小约翰·泰勒·塞得那，1962年研究生班学生）

树下的男人将自己的一些领悟讲给围坐在树周围的几个人听，讲的人不知道自己此刻其实是一位老师，而听的人也全然不知自己学生的身份，而这一场景正是学校的最初形态。学生的存在证明了思想的交流，同时也说明了树下的男人的价值。他们会希望自己的子女也能来听听树下的男人所说的话。于是这里不久便建造了一座建筑，第一所学校由此诞生。学校的存在之所以是一种必然现象，是因为人们对知识的渴求。[19]

于是树下的男人的第一批学生，在路易斯·康看来，就成了先知。事实上，路易斯·康的很多观点都具有圣经的意味，比如他高深莫测的《道者》。内容都比较精简，但是却引人深思，留给读者极大的反思空间，让人联想到耶和华启示摩西时说的话："我是我。"

路易斯·康十分清楚塔木德方法的主要原则，所以认为这种欲说还休、引人深思的间接表达方式往往比直接的更有效，更容易让人揣摩出真理。

因为这种方法往往能激发人产生疑问，然后重新思考，从而更接近真相，而这种思考过程，一旦理解，便能真正掌握。1962年研究生班的学生大卫·伯恩斯坦（David Bernstein），在他的课堂笔记中记录下了路易斯·康说过的一些话：

要学会摆脱自己意志的束缚。找到真正属于它的位置……一些空间需要注意，也有一些空间并不需要……有必要连接在一起的地方需要毫不犹豫地结合起来……大型建筑的空隙其实存在小型建筑的需求……广场并非平白无故地产生的，并不是因为某个人的喜好而建的。我们在选择一种形式的时候不能只凭借个人的喜好决定……发现你的梦想，然后寻找方式将其表达出来。当你不确定的时候，就尝试选择其他的表达途径，不要轻易放弃然后去寻找其他梦想……你们几乎每天都在做和艺术相关的事情。艺术已经成为我们生命的一部分。人类的所有行为都可以成为一种艺术……如今，我们用混凝土和钢材来建造老式风格的建筑。有的时候，我们需要放下对过去的眷恋，才能发现眼下最重要的事情。我们应该看重当下而不是反复回忆过去。人类的才华并非都留在了文艺复兴时期。所以，为了发现建筑的本质，如今，我们需要用现代的材料去设计方盒子建筑，而不是重复设计一幢文艺复兴时期的老房子。"[20]

路易斯·康在讲话的时候十分喜欢用一些夸张的比喻。他年轻的时候曾是一位颇具才华的音乐家，而且经常跟学生们讲，当有人送给他一架钢琴作为礼物的时候，因为房间太小，没有办法同时放下钢琴和床，于是他选择睡在钢琴上。路易斯·康一生都十分热爱音乐，他曾在其评论文章中说过，他在设计中经常进行音乐类比，哼唱贝多芬和巴赫的曲子。[21] 1966 年研究生班的学生坚吉兹·伊肯（Cengiz Yetken）曾谈到过路易斯·康对于音乐的热爱：

"看，这儿是小提琴。"路易斯·康指着一个学生设计的平面图的一部分说道，同时模仿着小提琴的声音……接下来就是双簧管的声音。"路易斯·康指着一侧并排的房间继续说道，"然后是鼓点，乐曲的节奏部分……"路易斯·康开始拍打鼓点"咚咚咚"，同时指向了框架网格。在路易斯·康的解说下，大家仿佛在上一堂音乐课……当然，只有非常了解音乐的人才会用这种评论方法来解说建筑。路易斯·康将建筑的平面图看成了音乐的总谱，所以他用描述交响乐的方法来评价建筑。他自己就像一位交响乐团的指挥家一样……路易斯·康会指向一张平面图，然后描述平面空间构成的不一致性、不完整性，把空间比作一首交响曲、一段和弦、一串节奏或是优美的旋律。我现在想起来他其实是在教会我们跟图纸、平面图以及我们创造的空间进行交流。他将每一个乐器都赋予了一种功能。每一个音符对整首乐章来说，都是不可或缺的一部分……并且一分不多，同时也一分不少。[22]

路易斯·康在介绍任务书的时候，通常会以一个故事作为开头，通过故事中的个人经历从而引导出建筑中新的可能性的视线,其中一次作业题目是重新设计费城的独立广场(Independence Mall),提姆·麦金蒂(Tim McGinty, 1967年)曾对此做出过如下描述:

路易斯·康首先组织了一次研讨会,并且要求我们仔细思考他所讲的故事,然后从中找到自己的切入点。路易斯·康以及在座的大多数人,都对1963年肯尼迪总统遇刺的事情倍感痛心。路易斯·康告诉我们,当得知这个消息的时候他感到万分悲痛,但是却无从表达自己悲愤的心情。这种感觉让他十分难受。于是他决定出门透透气。他漫无目的地行走在街上,然后发现自己竟然来到了费城独立宫。我记得他说那天是一个星期六的早上,他那天还看见了童子军在进行升旗仪式。孩子们庄严地进行着整个仪式,完全不受外界的打扰,就像彼时的路易斯·康一样。他还注意到,除了自己之外,广场上还聚集了其他几个人,想必他们也是听到噩耗之后,下意识地来到了这里。路易斯·康和当时在场的每一个人都被眼前的场景感动,这令他得到些许宽慰,同时心中不禁涌起一股强烈的公民自豪感。

近几年来,政府拆除了周边的15个社区来建造这个城市公园,并以此纪念并陪衬独立宫,路易斯·康本人并不赞成这种做法,但是那天这里是他唯一想去的地方。所以,此次设计的题目就是重新设计独立广场,从而"移动"他,此次的经历——他想去的目的地——一直到广场的底部。如果不能,那这里还有必要设计这个广场吗?

接到这个题目的我们当时十分困惑。全班只有一个想法立得住脚。当这个方案被展示出来的时候,我们马上就意识到这可能是唯一可行的方案。设计者是来自澳大利亚的彼得·保尔特(Peter Proudfoot)。整个想法是沿着广场的长边方向设计几栋建筑,然后把这几栋建筑联系在一起变成一个纪念世界和平的大学或学院,而广场自然就成了校园的场地。这种做法可以把这个"没有地域性"的新建城市公园有效地变成教育机构的场所,同时也让更多的年轻人更好地利用这片用地。[23]

3."做什么"和"如何做"

下面我们要介绍一下路易斯·康的第三个教学理念,关于"做什么"和"如何做"的区别。"做什么"和完美的形式十分相似,并不需要具有物理形态。而"怎么做"涉及具体的设计和建造过程,即建筑建造。

"做什么",是对形式的思考和表达,也是建筑师拿到一个题目后首先要做的事情。只有清楚"做什么"才能开始真正的设计,才能开始"如何做"的部分。"做什么"是设计中普遍存在的问题,代表着设计师进行直觉搜索之后的结果。"如何做"其实是建筑师对客户项目提出的具体要求的分析,是对场地、预算和其他"条件限定"因素的考虑。找到"做什么"需要建筑师的直觉灵感;弄清"怎么做"需要建筑师分析探索。无论怎样,如果没有首先确定好"做什么",那么设计的结果就无法释放建筑的全部潜能。

为了能够更好地传达自己的教学理念,路易斯·康将"做什么"称之为"为何"或是理念的核心价值,而将"如何做"称之为"何为"或是最终拟合的物理形态。[24]而老师主要负责的就是"为何"的范围;这也是路易斯·康在研究生班教学工作中最重视的部分。"何为"的部分应由指导员负责,不过路易斯·康认为,学生们应该在研究生之前的专业学习过程中就掌握"何为"的部分。从这里也能看出,路易斯·康将老师和指导员的工作完全分开来看,认为二者在整个教学环节中扮演着不同的角色。

很明显,路易斯·康认为"为何"起到了更重要的作用。学生应该明白,建筑其实是并不存在的。只有建筑作品才会留存于世。建筑只存在于人们的头脑中。我们完成一件建筑作品,其实就是想向世人呈现建筑的灵魂……建筑的灵魂不具有任何固定的风格、技术或是方法……建筑作品其实是不可度量的建筑灵魂的化身。[25]

"你永远无法完全了解建筑。"路易斯·康说，"你能做的只是完成一个建筑作品，然后通过这个作品体现建筑的灵魂。"[26] 所以说，"建筑自身的渴望"是非物质化且不可度量的。每一件完成的建筑作品，都是一次建筑的"献礼"，我们应该通过分析该作品的真实形态来决定它是否真正属于建筑领域。

只有少数人才有能力教授"为什么"：

我们必须记住，并不是每一位称为老师的人都是一位老师，因为一些老师只不过徒有虚名……只有能感知到事物本质的人才能成为最好的老师。[27]

我认为，作为一位老师，我们不应该仅仅知道一些知识，我们应该有更强的感悟能力。应该成为那种能够从一片草叶上看到整个宇宙的人。[28]

路易斯·康曾在1971年的时候给霍尔姆斯·帕金斯院长的夫人格鲁吉亚·帕金斯（Georgia Perkins）写过一封信，信中他强调应该把老师的"为何"和指导员的"何为"工作完全地划分开来。路易斯·康同时还提到，他坚信在自然界中，只要遵循不变定律，就能发现自然运作过程的规律：

对于老师来说，教学也是一个不断自我提升的过程。知识只有在揭示人类本质的时候才体现出价值。随着"知识体系"内在"秩序"的形成，体系自身也随之膨胀。一个人所拥有的知识本身是无法传达到外界环境中的，但是却可以通过知识体系在其内部形成的秩序将"做什么"的思想表达出来。而与老师同等重要的指导员，也必须同样清楚秩序的重要性，才可以指导学生"如何做"。

"做什么"——哲学层面——指向人的本质，

"做什么"——即自然的法则——秩序，

"做什么"指引着我们走向美妙的"如何做"。

大自然的内涵决定了大自然的运作方式，

就像岩石自身的性质决定了它的用途，

所以人类本身决定了人类的行为。

当我们出生的时候，我们每一个人都包含了宇宙的定律，我们不朽的灵魂和意志让我们具有表达的欲望，这一切都是天性使然。我们只能表达出我们所具有的东西。[29]

指导员和老师不同，指导员主要负责处理"如何做"的部分，路易斯·康也曾描述过一些不同类型的建筑指导工作。首先是专业的部分，包括建筑师对客户以及公众的责任和义务。尽管路易斯·康一直强调不要过度注重行业的专业化，但是很快他就意识到，学生时期必须让学生清楚作为建筑师对客户以及社会所要承担的责任。当有人问他，应该如何开展建筑教育工作时，路易斯·康的回答总是十分实际且真诚，那就是要从建筑师的基本素养抓起：

一名建筑师有义务对自己所有的建筑负责，同时要学会处理不同人之间的不同的利益关系。必须学会合理处理资金问题，需要清楚客户的成本、建筑的运行费用、具体空间的需求等。我们不但要对这些方面负责，同时也要具有前瞻性，要坦诚，让建筑发挥出自身最大的价值……

作为一个专业的建筑师，你的责任与那些为了人民的利益而奋斗的人们一样。毕竟，建筑师不能将这些责任置之不理。[30]

指导员需要负责的第二部分工作就是技术，比如结构和声学等方面的内容。第三部分就是根据学生自身的能力和兴趣，帮助学生找到自己的专业位置。[31] 在这三方面工作中，实践工作的重要性或许是最低的。[32]

路易斯·康的教学理念的确承认了教学环节中"如何做"的重要性——只不过这些由其他教师教授。不同的是，他认为，高年级的学生应该具备自己查阅书籍获取知识，掌握"如何做"的能力。所以，路易斯·康教给建筑师的应该是更难掌握的"做什么"的部分，这才是老师应该教给学生的东西。

正如路易斯·康之前所说，他十分担心在教育过程中过度重视分析以及知识的教授，会影响学生直觉的发挥，导致"怎么做"的重要性大过于"做什么"，对他而言，在现代主义模式的教学环境下，这是一个十分常见的错误。从他的言辞中我们可以看出，他的一生都在为整个教育系统担忧，他不希望学生和他一样，接受那种只注重教授知识而不注重直觉培养的教育。

对路易斯·康来说，只有找到正确的方式才能从根本上改变人们对于知识的运用，从而更好地分析问题，进行设计以及建造。他曾教育学生，哪怕做不好也要选择正确的事情来做，如果事情本身有误就算做得再完美都没有意义，而且通常情况下，一旦选择好了事情，做的过程往往都很简单。路易斯·康曾说过：

了解事物本身并不能对你产生多大帮助……只会分析的人什么都得不到。知识是人类的一部分，因为人类是自然的产物……知识是我们从世间已经存在的事物中提取出来的……我更愿意去感知那些存在于人类意识之外的知识，这些知识就像一本书一样，你可以走近它。[33]

米迦勒·科布（J. Michael Cobb，1970年）曾解释说：

我认为路易斯·康以及当今的建筑师也会进行自我检查，就像原创生产能力的管理人……而且从某种程度上说，我确实认为路易斯·康在试图解构学生们已经形成的一些设计思想和方法。换句话说，他在试图重组我们对于建筑本质概念的理解。[34]

正如路易斯·康所说，研究生班课上最大的挑战就是让学生们"尽快忘掉之前在各自建筑学校内所学的内容"。[35] 当然，这种让学生们去质疑自己之前见解的做法也成了研究生班最令人难忘的部分，尽管这种做法成功与否很难清楚地衡量。正如诺尔曼·莱斯所说：

这种教育的本质以及哲学观念引发了所有学生的思想的蜕变，不过每个人的改变程度各有不同，这种做法意味着否定之前所学的内容以及看法。毕竟研究生课程只有短短两个学期的时间，所以老师也无法保证学生是否吸取了足够的灵感，是否能够在未来的岁月中改正之前不好的做事方式。[36]

在有些人看来，路易斯·康的这种直觉培养教学方法也存在一定的局限性。因为他的教学内容几乎完全没考虑过"如何做"的问题，也没有考虑过建筑如何实现、设计周期以及预算等问题。大卫·伯恩斯坦（1962年）曾表示："他几乎从来没谈到过任何社会或是经济的问题，甚至在费城中心这个项目中，他也没有提到一些最基本的社会经济问题。"[37]

在路易斯·康看来，这些并不是建筑师需要考虑的问题。但是，他的工程顾问科门登特也认为这是路易斯·康教学理念的缺陷。科门登特认为路易斯·康的这种观点更像是艺术家的思考方式，"将艺术看作是在创造生命"。科门登特认为路易斯·康没有很好地意识到基础知识的重要性，过度依赖灵感直觉，令他无法"从实践的角度教授如何设计作品。"路易斯·康更加"擅长激发人的灵感以及评论设计作品。"对科门登特来说，路易斯·康的长处本身就是"做什么"，而不是"怎么做"。[38]

科门登特同时也批评路易斯·康过于追求完美主义，过度依赖直觉教学方法，并且认为这种做法对学生的发展有一定危害。"路易斯·康从来不在班上讨论经济问题，对他来说，钱是一个污浊的字眼。"尤其是他曾告诉学生们，建筑师在接到委任后，首先要做的是改变项目内涵，让这个项目真正属于"建筑的领域"。科门登特注意到很多刚刚参加工作的学生都认为路易斯·康的上述建议很难实现。对他们来说，路易斯·康的教学理念十分不现实，而且和之前所学的内容相悖。科门登特认为路易斯·康的教学方法会让学生们变得"狂妄自大"。[39]

科门登特和路易斯·康之间的分歧表现了两种从根本上存在区别的世界观。对路易斯·康来说，直觉和感觉比知识重要，所以不应该受限于传统的技术手段。1964年研究生班的马丁·E·里奇（Martin E. Rich）曾做出如下评价：

路易斯·康经常提到"为什么"要设计一个项目，以及"感知某种信仰"的行为。他认为了解客户的情感和心理需求是十分重要的，因为这些因素最终都会对项目需要产生影响……而前面所说的"信仰"，是人们的一种共同直觉，这种直觉虽然无形但是却十分真诚，可以激发我们设计出这片场地真正需要的建筑的灵感。[40]

科门登特作为一位系统工程师，始终坚持知识的重要性，认为只有拥有足够的知识而非直觉才能判断一个想法是否正确。[41]而真理往往就存在于这两种极端的想法之间。直觉的准确性确实取决于经验积累的知识，没有经验的直觉充其量只能是一种假设。不管路易斯·康描述得多么动听，他强调的都是苏格拉底式的思想测试,所以如果深入研究,他也一定会认同直觉并不是万能的,更不是一贯正确的,必须检测直觉的有效性。他不得不承认,尽管有些难以接受,但是直觉有时是错误的,而且在设计阶段,当建筑师发现有些直觉是无效的,那么整个理论就被推倒了。一切都被推翻了,于是我们不得不重新来过。那些比喻,表面的现象欺骗了我们,我们半闭着眼睛,一路跌跌撞撞前行。然而这种不光彩、痛苦而且缓慢的前行过程正是一种学习的过程—— 于是我们创造出了只属于我们的,完全不依赖其他人的知识和经验。[42]

在路易斯·康的晚年时期,他开始重新考虑这两种认知方法的重要性,认为知识也可以被运用到艺术和直觉体系中来,并且可以进行形式的探索。他的这一思想转变,多少受到了罗伯特·勒里科莱斯的工程结构工作方面的启发。正如诺尔曼·莱斯所说,路易斯·康最终"意识到你可能具备某种他并不具备的知识,然后通过艺术或是直觉的方式在工程或是试验中使用出来……所以,这种做法意味着,至少对我来说,路易斯·康的观点的一种发展,或是说一种改变。"[43]

本节参考文献

1 David B. Brownlee and David G. De Long, Louis I. Kuhn: In the Realm of Architecture (New York: Rizzoli International Publications, 1991), p. 94.
2 Kahn, as quoted by Martin Meyerson in Richard Saul Wurman, What Will Be Has Always Been: The Words of Louis I. Kahn (New York: Access Press and Rizzoli International Publications, 1986), p. 305.
3 Norman Rice, as quoted in Wurman, p. 288.
4 Brownlee and De Long, p. 94.
5 Kahn, as quoted in Wurman, p. 66.
6 Charles E. Dagit Jr., interview with author, May 8, 2012.
7 Brownlee and De Long, p. 94.
8 Max A. Robinson, "Reflections Upon Kahn's Teaching," unpublished essay, September 15, 2011.
9 Alexandra Tyng, as quoted in Wurman, p. 300.
10 Fikret Yegul, "Louis Kahn's Master's Class," unpublished essay provided to the author, 2011.
11 Michael Bednar, "Kahn's Classroom," Modulus, 11th issue, 1974, University of Virginia School of Architecture.
12 Dagit.
13 J. Michael Cobb, "Thoughts on Louis I. Kahn," unpublished essay, 2011.
14 Harry Austryn Wolfson, "Talmudic Method," Crescas' Critique of Aristotle (Cambridge, MA: Harvard University Press, 1929), available at: http://ohr.edu/ judaism/articles/talmud.htm.
15 Bednar.
16 Tony Junker, letter to the author, November 11, 2011.
17 Yegul. The story is similar to Kahn's paraphrase of a poem by the Persian poet Rumy as quoted in Wurman, p. 75.
18 Brownlee and De Long, pp. 78-80.
19 Ibid., p. 94.
20 David Bernstein, unpublished excerpts from class notes, 1961.
21 Bednar.
22 Cengiz Yetken, unpublished manuscript, 1966, provided to the author.
23 Tim McGinty, letter to the author, January 2, 2012.
24 David C. Ekroth, letter to the author, October 17, 2011.
25 Kahn, as quoted in Wurman, p. 103.
26 Ibid., p. 58.
27 Ibid., p. 108.
28 Ibid., p. 110.
29 Kahn, letter to Mrs. G. Holmes Perkins, April 19, 1971, Architectural Archives, 054. 722.

30 Kahn, as quoted in Wurman, p. 107.
31 Kahn, as quoted in Louis Kahn: Essential Texts, ed. Robert Twombly (New York: W.W. Norton & Co., 2003), p. 241.
32 Wurman, p. 93.
33 Kahn, as quoted in August Komendant, 18 Years with Architect Louis I. Kahn (Englewood, NJ: Aloray, 1975), p. 162.
34 Kahn, as quoted in Cobb.
35 John Raymond (Ray) Griffin, "Recollections on Louis Kahn," unpublished manuscript provided to the author, 2012.
36 Norman Rice, letter to Carlos Enrique Vallhonrat, May 6, 1966, Kahn Collection, A-RC/13.
37 Bernstein, letter to the author, August 17, 2011.
38 Komendant, pp. 161-162.
39 Ibid., p. 185.
40 Martin E. Rich, "Photographic Essay from November 1963: Louis Kahn's Studio Teaching Techniques," Made In the Middle Ground, Darren Deane, Nottingham University, UK, June 2011.
41 Komendant, p. 171.
42 Kahn, as quoted in Wurman, p. 91.
43 Norman Rice, as quoted in Wurman, p. 289.

四、实践中的教学方法

路易斯·康总是大步地穿过宾大的校园,他个子不高,但精神总是很饱满,穿着一身稍微有些褶皱的黑色西装,系着一个比较松的蝴蝶领结,戴着厚厚的眼镜,披着一件有些破旧的长款雨衣。不仔细观察,你甚至会认为他是一个看门人。仔细打量的时候,你会发现他的脸上带有伤疤,就像一个被烫伤的孩子,但是仍旧透露出一种优雅的气质。

路易斯·康的个人气场让他成为一位带有一定神秘色彩的老师。甚至每次他来到班里的时候,都会带来一种神秘的氛围,仿佛他是从天而降一般。当年耶鲁大学的文森特·斯库利曾这样评价他:

> 我对路易斯·康的整体印象是既温柔又强势,给人一种强劲有力的感觉,但是走起路来又轻盈得像猫一样,眼中总是闪烁着光泽——一种明亮的蓝色——一头杂乱却发亮的灰白头发,有次还变成了红色……也正是那次之后,他显现出一种特殊的美,仿佛涅槃的凤凰[1]。

一些学生十分崇拜路易斯·康,把他视为先知或是"梅林……一个有着一头浓密头发的小个子男人,同样有着一双迷人的蓝色眼睛……他的世界充满了仙子、爱人和精灵,那是一个充满魔法的世界……"[2]这些学生对路易斯·康所指导的研究生班充满"敬畏之情,认为自己正在亲眼见证一些有计划的、伟大且充满意义的事情发生。"[3]

1. 学生

据说全世界有超过 200 个人申请路易斯·康的研究生课程,但是院长霍尔姆斯·帕金斯只会从中挑选出 20~25 人组成一个班级,所以只有

10% 的录取率。录取的学生来自全世界 133 所不同的高等教育机构。研究生班有一个外号，叫作"联合国建筑班"，因为班里 40% 以上的同学都来自美国以外的国家，比如南非、土耳其、印度、泰国、日本和德国，以及英国和加拿大等。班里学生的平均年龄在 26 岁左右[4]，而且大部分学生都已经结婚成家。在这里，经常会遇见带着穆斯林头巾，或是身着沙丽，穿着花呢马甲和头戴贝雷帽的同学，也会时不时地看到路易斯·康式黑西装扎着领结的男人。来到这里的学生，之前全部获得过建筑专业本科或是硕士学位，而且其中很多人，尤其是来自欧洲的同学，都有过实践工作经历。马丁·E·里奇（1964 年）曾描述：

欧洲人大多都是通过现代建筑国际会议（CIAM）和十人组（Team Ten）这类比较重要的活动中了解到路易斯·康的。他们中的少部分人背井离乡来到美国追随路易斯·康，不仅要承受沉重的课业压力，还要接受路易斯·康对于他们之前建筑理念的重新修正。来自欧洲的这些学生对于那些古典精品如数珍宝，而路易斯·康也十分尊重经典作品，所以欧洲学生很快就接受了他的那些主张。[5]

研究生班的学生之前都是各大高校设计专业的尖子生，其中还有 60 名学生毕业于宾大三年制的建筑硕士专业（1973—1974 年间的宾大研究生毕业生曾获得 Arthur Spayd Brooke 设计类的金、银、铜奖）。研究生班几乎没有女性学生，在 1960—1974 年间，路易斯·康所指导的 427 名研究生中，只有 16 位是女性。还有一些就读于宾大城市设计专业的学生，也曾参与过一个学期的研究生班课程，并且最终获得了建筑与城市规划的双学位硕士。[6]

帕金斯当时既是建筑学院的院长，同时也是该学院的主席，所以他一直是主要的项目负责人。直到 1965 年，他才批准使用工作室制度，选拔评图委员会，同时也会根据申请文件来筛选录用学生。[7]

2. 助教团队：诺尔曼·莱斯、罗伯特·勒里科莱斯和奥古斯特·科门登特

　　帕金斯最终组建的研究生班团队主要有三个负责人，包括路易斯·康，建筑师兼路易斯·康的高中时的好友，同时也是首位在柯布位于巴黎的工作室工作的美国人诺尔曼·莱斯，以及罗伯特·勒里科莱斯，一位法国籍工程师，之前和路易斯·康共同教授"建筑与市政设计"课程。尽管这三个人所擅长的领域区别很大，但是莱斯、罗伯特·勒里科莱斯和路易斯·康是十分要好的朋友，工作室工作结束后，他们经常在罗伯特·勒里科莱斯位于桑塞姆大街旁的公寓里聚会，一起喝酒聊天。同时路易斯·康的结构工程师，奥古斯特·科门登特也是班里的客座教授，以及评图委员会的成员。

　　莱斯的教学内容具有一定的领域局限性，而且他的教学方法也比较传统。他是班级的管理人，在学生们的眼里，他就是工作室进度的监督人。研究生班的管理组织一向比较松散，于是莱斯重新建立了班级的组织结构。而路易斯·康比较喜欢轻松的课程模式，比如他很少正式地介绍新入学的学生，但是莱斯习惯给入学新生一封详细的欢迎信，上面还会写道：

> 我们诚挚地欢迎你加入建筑专业的研究生工作室！

　　刚来到学校的时候，上几届的学生会告诉我们，来到这里的头几个月将会是你学生生涯中最兴奋也是最受启发的一段时间。和其他专业的研究生课程不同，这里所教授的并不是专业人员的技能课程。我们更关注的是如何发现、理解以及实现建筑的本质，如何寻找一条成为建筑大师的道路。而为了达成这一点，你可能不得不摒弃之前学习过程中所积累的一些认知。所以你经常会感到十分困惑。只要你不是那种天生比较坚持自我的性格或是态度——当然那种过度逆来顺受的性格也行不通——那么毕业的时候将成为一位更睿智的建筑师，更愿意去质疑，同时也有着更宏观的视野……

现在要谈一谈课程具体实施方面的内容：

因为我们的课程很多都是在探讨哲学方面的内容，所以几乎没有办法或是说很难给每个学生一个正式的成绩或是分数。但是，研究生班也必须要遵守大学制度，而且，也有必要让每一个学生通过和其他学生的对比来认识自己所处的位置，所以我们也会进行一些正规的评审工作。工作室的每一个项目都必须经过评图委员会的统一评审后给出具体的作业等级。

自由不等于放纵，因此研究生班的学生仍旧需要经常来到班级，参加所有的课程，尽管老师并不会记录学生的出勤率……

因为来到这里的学生，都是成熟的建筑，他们懂得刻苦努力不断进取的重要性，也清楚在适当的时候展示自己工作的进度，也完全可以接受同学和老师各种严苛的评论。

莱斯会负责比较实际的问题，包括上课的时间、课桌的选择以及评图委员会的指导方向：

·将作业从东侧墙面的左侧开始布置，然后沿着顺时针方向从南侧布置到西侧墙面。

·请根据名字的首字母顺序摆放你们的作业。

·每次答辩，必须提交完整且表达清晰的图纸以及模型，图纸线条要简洁精炼，但同时要保持高水准的质量和艺术性。

·……在评图开始前，路易斯·康和莱斯老师会先对整个项目进行简短的总结，以便评图委员会以及参加答辩的观众了解项目背景。

……前两位或三位答辩的同学需要……阐述项目的共同特点和特色。之后答辩的同学只需阐释自己作品中特有的理念特色。

·答辩要求语言简练，观点简单且清晰易懂。[8]

路易斯·康和建筑学院的主席卡洛斯·恩里克·瓦隆拉特（Carlos Enrique Vallhonrat）都认为莱斯的这些规定和研究生所提倡的开放性思维并不相符。瓦隆拉特最后要求莱斯尽量简化他的要求：

路易斯·康和我一致认为，我们应该尽量保证班级原有的氛围，保证活跃的思维，而且也让新来的学生能够更清楚研究生班的办学特色……然而，如今我对咱们的课程内容却越来越模糊。路易斯·康也是这么认为。而且路易斯·康认为这门课程的特色就是顺其自然，而且应该保持这一特点。我想对路易斯·康来说，这门课程更是一种探索。

在过去几年里，您一直用心良苦地为学生们准备一些详细的要求规则，不过我们还是希望能尽量保持一种自由的环境，摆脱既定要求的限制，尽可能为学生的自由发挥创造条件。[9]

莱斯会负责指定任务书、交图日期，组织项目地块的场地调研，帮助选择评图委员会成员，有时他也会向路易斯·康和帕金斯推荐一些人。有一次莱斯曾向路易斯·康提议说："也许帕金斯可以邀请鲍勃·恩格曼（Bob Engman）来担任罗斯福纪念碑项目的评图专家"。鲍勃是宾大雕塑专业的教授。[10] 还有一次，莱斯邀请了费城规划委员会的行政主管埃德蒙·培根（Edmund Bacon）担任1976届学生设计的200周年展览会设计的评委[11]。一般都是莱斯负责唱白脸，路易斯·康负责唱红脸，由莱斯负责督促那些表现不佳的学生或是监督学生在工作室而不是在家里工作。有的时候，也会看到莱斯批评整个班级：

你们中的一些人的表现令人十分失望，如果继续这样下去，将会面临延期毕业的问题。令人震惊的是，大部分学生并没有展现出建筑师该有的勤奋态度……个别人可能认为仅靠动动嘴上功夫就可以，一直不愿意，甚至是害怕或是不能完成设计任务，一直拖延到最后一刻。作为一名建筑师，你们要做的是反复思考设计中出现的问题，反复动手画图，才能找到解决问题的出口。我们都清楚，早期的一些尝试往往并不成功。但是我们更清楚的是，只有不断地失败，不断地遭受批评，才能做出真正好的方案。所以，我们今天要求每一个人，少看多做，脚踏实地地投入到工作状态中。[12]

有时，当交图日期临近的时候，莱斯会认为有必要让路易斯·康来督促一下学生的进度，"你看，和之前的课程设计相比，班里学生的学习状态逐步有了起色，这是因为他们被不断地督促着。你说是不是有必要在最后的时候再让他们努把力呢？"[13]

莱斯也会负责为各大院校推荐即将毕业同时想要从事教育工作的学生。堪萨斯大学曾邀请莱斯为其推荐路易斯·康指导的毕业生："我十分喜欢这种直接推荐学生的做法，因为这样可以有效防止一些能力较差的学生坏了这门课的名声。"[14]

因此，莱斯作为整个学院秩序与标准的执行人并不是很受学生的欢迎，这一点也是可以理解的。毕竟这里的学生普遍认为自己属于精英人群，除了路易斯·康以外很难信服别人，所以莱斯的做法让学生们心里多少有些不痛快。但是，正如科门登特所说，路易斯·康比较随性，[15] 所以如果没有莱斯，研究生班的课程也无法顺利进行下去。马克斯·A·鲁滨也认同这种观点，认为研究生班的缺点之一便是缺乏纪律性，同时他认为，明确的教学大纲和清晰的设计要求更有利于课程的进行。[16]

除了完成工作室的设计任务，学生们每学期还需要选择两门选修课。比较热门的课程包括罗伯特·勒里科莱斯的实验性张力结构，埃德蒙·培根的城市设计，伊安·麦克哈格(Ian McHarg)的设计与自然，安妮·泰格(Anne Tyng)的高级几何建筑概念，罗纳多·久尔格拉的建筑理论和帕金斯关于伦敦和巴黎发展比较的课程。

在上述这些课程中，罗伯特·勒里科莱斯的课程难度最大，尤其是关于结构压力分析的，表面膜和框架张力空间结构的部分。罗伯特·勒里科莱斯是一个安静且十分严谨的工程师，烟斗从不离手，同时，他也是一位画家兼诗人。他和路易斯·康在1953年的时候就认识了，那时罗伯特·勒里科莱斯还曾写信给路易斯·康，阐释六角形空间框架的结构可行性。[17]在路易斯·康眼里，罗伯特·勒里科莱斯总能找到更经济的解决方法，路易斯·康曾说过："如果三条腿作为支撑结构行得通，罗伯特·勒里科莱斯绝不会用四条。"[18]

在罗伯特·勒里科莱斯的课上，学生们需要将设计的结构搭建起来并且进行负载试验。1967年研究生班的学生爱德华·D·安德列(Edward D. Andrea)和提姆·麦金蒂曾一同选修过罗伯特·勒里科莱斯的课，安德列曾这样描述这门课程：

我们当时对结构设计和焊接模型十分感兴趣，而且我们当时也猜到了这门课会十分难学。但我们还是太幼稚了。开课了才发现，罗伯特·勒里科莱斯完全超乎了我们的预期。他说话非常快，就像一个工程师那样，同时还有法国口音。他说的话我只能听懂10%左右。在罗伯特·勒里科莱斯的指导下，提姆和我一起建了一个等面体组成的塔楼，而且这个结构的强度比我预期的强很多。[19]

教师团队的第四名成员是奥古斯特·科门登特，他做事十分严谨甚至有些死板，典型的日耳曼风格，就像是二战时期德意志国防军的工程师一样。路易斯·康认为，他是"仅有的几位可以指导建筑师设计出重要形式建筑的工程师"。[20] 研究生班的学生必须在做设计的同时考虑好建筑结构和力学体系的结合，奥古斯特·科门登特曾说："通过对结构和力学的准确分析，发掘出建筑的内在潜力，创造出更好的建筑形式。"奥古斯特·科门登特的课程涵盖内容很广泛，包括"地震、海啸和龙卷风多发区域的建筑结构设计、环境污染、高级混凝土技术和科学与工程哲学"。[21] 奥古斯特·科门登特在上有关结构原理的课时，总是非常地自信甚至独断，不过他也是学校老师中仅有的几位敢于公开反对路易斯·康的老师。路易斯·康曾说过："奥古斯特·科门登特有着敏锐的结构感知能力。他是一位经常被人忽略的伟大表演者。"[22]

除了莱斯、罗伯特·勒里科莱斯和奥古斯特·科门登特，路易斯·康还有另外一位经常合作的非官方伙伴，和前三位相比，他多了一些神秘色彩。这个人就是伽柏·安大略·绍隆陶伊（Gabor Antala Szalontay），他个子很高，十分消瘦，来自东欧，有着一双黑色深邃的眼睛，长长的黑色头发，大家都叫他伽柏。有人说伽柏是一位建筑师，还有传闻坚称他是一位来自匈牙利的贵族。不过并没有人清楚他到底是谁，又到底为什么会经常来到工作室，大家只知道是路易斯·康邀请他过来的。大部分时候，伽柏来到班级后，都是静静地坐在后排，偶尔路易斯·康会让他给出一些建议。伽柏经常会用一些意想不到的词儿来进行评价。有一次，路易斯·康让他和同学们一起探讨建筑的屋顶及其主要的防雨功能。伽柏思考了良久，然后说了一句："啊，是由雨来统治的……"（译者注：统治和雨的英文发音相同。很可能他其实说的是雨的雨水，不过伽柏说的话总是让人摸不到头脑。）还有一次，伽柏与路易斯·康一起乘坐电梯，伽柏问道："路易斯·康，柱子里面是什么东西？"[23] 路易斯·康曾评价伽柏："他是我工作室里一个不需要做任何工作的人。但是我心甘情愿付他工资,因为他的存在有利于我的思考。"[24]

工作室的研讨会也并不都是以路易斯·康、莱斯、罗伯特·勒里科莱斯和奥古斯特·科门登特为主,经常会有一些客座嘉宾受邀来班里开设讲座。约翰·雷蒙德·格里芬认为,讲座的质量参差不齐:

> 我记得来自亚利桑那州的 Paolo Soleri 曾和他的学生一起来到工作室,他收集了一系列铜铃。还有山崎实(Minoru Yamasaki),世贸中心双子塔的设计师。当时有一个学生在提问环节问了山崎实先生一个问题,"你为什么要设计两个塔楼?"他回答道:"嗯,为什么不呢?"路易斯·康班上的学生听到这个答案的时候心里都在想,如果是路易斯·康的话,这种回答他一定不满意。还有一位来自罗马的城市规划师,整个讲座过程中都用意大利语,罗纳多·久尔格拉只对部分内容进行了翻译,但是他用粉笔画的分析图却清晰地表达了他的观点。爱德华·拉华比·巴莱斯(Edward Larrabee Barnes)还曾提到过他设计的纽约高层塔楼建筑。[25]

3. 分数

研究生班同学作业的分数一直是个谜,而且老师也不会解释说明,只有莱斯会在入学的介绍信中稍微提到一些。院长帕金斯曾在 1964 年的一份拟给教工的章程大纲中提到,毕业生的建筑"设计作业需要由评图委员会进行分级,评定为优秀、及格和不及格"。[26] 于是,从 1970 年开始,大部分学生的成绩都徘徊在及格与不及格之间,而且原因不详。比如 1974 年的研究生同学,甚至不清楚自己已经完成的项目的成绩。评图结束后,一些项目可能会被搬走,留下一部分项目进行展示,留下的作品就意味着它们是获得班级成绩最高分的作品。

莱斯貌似会一定程度上按照评图委员会的意见进行评级。1965 年的研究

"在建筑学专业中,任何人都无权判断一个作品的好坏。我们应该抱着批判的态度来看待一个作品,但是无权评判好坏。"(路易斯·康)[艾琳·克里斯特洛(Eileen Christelow)系列书籍,宾大建筑图书馆。摄影师:艾琳·克里斯特洛]

生,设计题目是哈里斯堡的政府大楼,结果全班 26 人仅有一名学生获得了 A- 的成绩,而且是全班的最高分。此外,还有 2 个 B+、19 个 B- 和 3 个 C, 还有一个学生"没有进行答辩"。莱斯还曾评价过帕金斯的学生一年来的表现情况,写到其中两个人"一开始还不错,但是最后两个项目能力有所下降。" 还有一个人是"一开始设计能力较差,之后虽然有所提高,但是随后却又再一次下滑。可能是由于该生更为年长且之前有着较长的工作经历,所以思想比较僵化且很难变通,所以作品很难有所突破,不过该生比较努力。"[27]

路易斯·康对分数评级方面的事情完全不关心,有一次他还当着全班同学的面宣布,所有人都能通过。"这门课没有人会不及格,"路易斯·康对学生们说,"每个人都会及格。但是我要求的就是出席率,这也是我的唯一要求。在建筑学专业中,任何人都无权判定一个作品的好坏。我们应该抱着

批判的态度来看待一个作品，但是无权判定好坏。"²⁸

诺尔曼·莱斯也认同这种观点。他曾写道："除了极个别的学生之外，高筛选标准的研究生班中的学生都被假设可以顺利毕业。"²⁹ 1964 年研究生班的学生格伦·米尔恩（Glen Milne），认为在路易斯·康的班级学习"挑战性极高而且十分辛苦，痛并快乐着……每年，工作室都有一个或两个同学承受不了这种严苛的环境，选择放弃未完成的部分，返回故乡。"³⁰

马克斯·A·鲁滨也认同米尔恩的这种说法，同时还补充到，其实这种近乎残忍的高标准大多是学生的自我要求，而非路易斯·康提出的。因为大家坚信：

能够来到这样的班级已经是一种能力的象征，所以一旦入学，大家完全没有担心过完成作业或是毕业之类的事情。大家脑子里只想着如何让自己这一整年都保持一种高强度的工作状态，如此便可顺利达成目标。虽然不一定完全一致，但是这就是我们作为学生所怀揣的一种信念。离开宾大以后，当和一些了解宾大历史的人聊天的时候，我发现其实有很多人都没有坚持下来而选择了退学，大家都有着这样或那样的原因，不过没有人知道具体有多少人离开了。大家没有坚持下来的主要原因，并不是学校设置的课程有多难，更不是因为路易斯·康有多严格，因为事实上路易斯·康几乎没有对我们提出过任何要求。回首过去，研究生期间的课业难度，以及完成设计所需的时间简直和我本科时期所投入的精力无法相比。然而，作为学生的我们却给自己建立了一个极其严格甚至苛刻的标准。我们所有人都为了达到自己定下的这种标准而承受着难以想象的压力。短短的两个学期，我们经受了各种各样的来自课业的精神压力，压力过大而几乎崩溃的例子数不胜数……明明已经是一个成年人了，但是还会因为工作室项目设计中出现的一些问题或是失败挫折而流下眼泪。然而这一切都是因为自我施加的压力，和路易斯·康作为一名老师的能力完全无关。³¹

路易斯·康的研究生班的学生来到弗兰克·福尼斯艺术图书馆二楼的后殿集合，该图书馆是宾大校园内最具标志性的建筑［杰姆斯·F·威廉姆森（James F. Williamson）收藏系列，宾夕法尼亚大学建筑档案，摄影师杰姆斯·F·威廉姆森，1974年研究生班］

"学校就是我的教堂，我的教学工作就是我谱写的圣歌。"（路易斯·康，杰姆斯·F·威廉姆森收藏系列，宾夕法尼亚大学建筑档案）

4. 工作室

　　研究生班的位置最开始被安排在老艺术馆里，老艺术馆也被称为老牙医学院，位于宾大校园中心轴线的鲁卡小径（Locust Walk）的 33 和 34 号街上。1964 年，研究生班被搬到了弗兰克·福尼斯艺术图书馆二楼的后殿位置，该图书馆也是宾大校园内最具标志性的建筑。进入建筑内，中心塔楼处有一个宽大气派的楼梯，随着台阶的升高而逐渐变窄，顺着楼梯往上走，便能进入图书馆上层光线充足的空间内。每个雷雨交加的夜晚，都能看见建筑外立面上那些维多利亚风格的滴水嘴兽雕像向下排水。

　　"福尼斯馆"里的建筑专业工作室，四周总是布满了绘图桌，教室中间的位置用来展示学生们在黄色硫酸纸上绘制的图纸。教室的一端放着一张很长的木质会议桌和一块黑板，每当路易斯·康和其他老师过来上课时大家都会围坐在那里，然后路易斯·康会用他那温柔且有力的声音开始给大家讲课。

5. 第一天

　　路易斯·康所采用的研讨型教学方法，与大多数建筑院校至今仍在使用的传统的"桌边评论"方法完全不同，也是路易斯·康指导的研究生班的传统教学特色之一。路易斯·康每周都会选择两个下午来到班级，然后一直待到很晚才离开。科门登特也会选择一个下午过来和同学们针对结构的问题进行探讨。

　　第一天来的时候每个人都有些不知所措。学生们都在会议桌的位置将路易斯·康、诺尔曼·莱斯和罗伯特·勒里科莱斯团团围住。路易斯·康先从大体上讲了一下整个课程的探索方向。同时他还谈到了一些关于第一个设计作业背后的"灵感"问题，以及灵感的重要性。之后，莱斯或路易斯·康会介绍一下项目的具体内容，包括场地和要求，如果有的话，在通常情况下，几乎都没有什么任务要求，而是让学生通过设计来发现项目的需求。还记得那是 1973 年的 9 月，学生们迎来了研究生班的第一节课。在简短地进行课程介绍之后，路易斯·康对大家说："在我看来，这里是一间充满灵感的画室，而在这里创作的画家，一定会画出一幅最伟大的画作。"说完这句话，路易斯·康就离开了，留下 25 个学生面面相觑。他们不知道如何完成一个既没有任务书也没有场地的设计项目。1974 年研究生班的学生谢尔曼·阿隆森（Sherman Aronson）选择在宾夕法尼亚艺术博物馆的位置设计了一个户外居室，并且沿着山道设计了通往该处的台阶。同届的詹姆士·L·卡特勒（James L. Cutler）设计了一个"结婚登记处"。

还有一年，当路易斯·康简单介绍完之后，学生们以为他会继续给出一些更具体的说明，于是班级陷入了良久的沉默之中，最后，路易斯·康抬起头问道："你们还有问题吗？"然后整个班级的同学才明白以上就是全部的设计要求了。"[32]

空间（学生作业，图片提供者：谢尔曼·阿隆森，1974 年研究生班同学）

一般在开始的阶段，路易斯·康都会提出一个问题让大家进行讨论。比如有一年，第一个设计题目是一个男孩俱乐部。路易斯·康问大家："有谁知道世界上第一个男孩俱乐部是什么？为什么？"

路易斯·康告诉学生们，图书馆里肯定没有这个问题的答案，只能靠大家自己去分析男孩俱乐部的本质、构成要素，从而分析出答案。[33]

1963 年 9 月开课的研究生班上，路易斯·康在布置第一个作业时提到了社会机构的本质问题：

随着历史的发展，人们开始根据自身共同的需求成立一些机构团体。而建筑正是这些机构的空间载体。

那么你是如何看待现今社会上这些不同社会属性的建筑项目，如教育机构、报社、政府、军队、宗教、住宅、健康、金融、商业、交通以及制造业等不同类型的建筑形式呢？

在你看来，这些建筑是否真正满足了人们的需求，是否符合我们的生活方式呢？或者，你又是否发现一些新的需求，新的机构形式的出现，或是对原有机构建筑的更新需要？

我们首次非正式的研讨会将根据以上问题展开讨论，同时也会就此展开设计题目。[34]

1972 年 9 月，路易斯·康在第一节课时向学生们陈述了作为一名建筑师所要遵守的一些原则：

大家必须认识到建筑师这份工作的重要性，你们必须要把全部注意力和精力都倾注到这份工作中来。如果做不到这点，那么你所设计的作品也毫无价值。

项目所处位置以及该地气候特色都会对建筑起到一定的影响作用。比如在孟加拉国，季风会影响人们对于雨水的态度。它让人又爱又恨，所以需要建筑师去摸索当地人们的想法……

作为建筑师，并没有必要形成一成不变的"风格"，因为过于执迷于某种风格会让人变得比较迷信，从而无法看到事情的本质。

建筑作为一个有机的整体，其墙体和人类或是动物的皮肤一样重要——都需要有外部的脂肪层来防止外部热量进入，同时也需要内部脂肪层来防止内部热量流失。所以，一个建筑的墙体就是该建筑的皮肤。

我十分热爱自然光，所以我会不惜任何代价尽可能多地争取到自然的光线。如果不能拥有阳光，我宁可在昏暗中死去。

设计一幢建筑或是进行一次探索，整个过程就像农民播种一片土地一样。你必须先四处看看，然后找到那块恰到好处的位置，之后充分地了解这块地。你必须精心地进行耕种——因为只有这样才能保证好收成。

一位真正伟大的艺术家会通过自己的能力，发现任何事物的本质。每个人都有自己的观点和立场，但是对于艺术家的工作来说，看待事物的观点或是角度并不是最重要的。一个画家首先要能了解绘画的本质、颜色的本质，就像音乐家首先要做的就是了解音乐的本质。贝多芬的音乐并不是因为是贝多芬弹奏的才动听，而是因为贝多芬发现了音乐的本质。"啊，"我说道，"所以这才是音乐。"一旦我们了解到事物的本质，并且能够掌握它，我们就不再受艺术家观点的束缚。这样就算没有贝多芬，我们也能知道什么样的旋律才能称之为音乐，因为我们已经从贝多芬（通过他的作品）身上偷学到了音乐的本质。所以，要想获得自由，我们必须要学会窃取事物的本质，从而终身受用。

找准看待问题的视角也是寻求真理"本质"的方法。了解事物的本质和认识事物本身有着很大的区别。当我们找到切入的方法，会发现一些有意义的人或事，能够启发我们去发现事物的精髓。对我来说，我并不希望自己去"认识"，我更希望自己去"了解"；不希望被动认识，而希望主动去了解。

光线可以决定空间内部的结构及其本质，同时，结构也会反过来影响空间内的光线。当一个人置身于某个空间中时，不需特意移动，就应该可以看清空间内部的情况。光线揭示空间结构的同时，空间也会彰显出光线的魅力。

我一向十分看重建筑设计中材料的应用，我感激大自然赐予我们的一切材料。我一定要清楚材料的来源，我要清楚材料的运输距离，以及周边环境的契合情况。

空间与空间之间的区别是什么呢？那就是空间的本质。每个空间都有自己独特的气场，和周围的环境一同形成一种氛围，不管是否有人注意，这种气场一直都在。空间持续散发出来的这种气场会引起置身于该空间内的人的共鸣。这样的空间就是我们所谓可以启发别人的空间。比如住宅空间，可以激发人们想要在其中居住生活的欲望。当我进入一个好的设计空间，我会马上想要住在里面，那么这样的空间便是成功的居住空间，可以吸引人去居住的空间，有着自己特有的，其他空间无法取代的特点。

为什么有些空间会让人产生居住感但是有些空间并不会让人产生这种感觉呢？我想在某个地方工作，但是却不想在这里工作。人们对于空间总会产生这样或那样的定义。开发商总是希望能够随意地将一些气场不同的空间塞到同一个建筑中，然而做法有悖建筑的本质。人们进入某个空间，会希望这一空间就是自己专属的领地，甚至希望建筑内部的光线都是属于自己的。[35]

6. 初期困难

正式开始上课之后的头几个月是相当难熬的。毕业于伯克利加州大学的小约翰·泰勒·塞得那（1962年秋季）被路易斯·康称为"来自加州的人"。塞得那回忆起他最初驾车来到宾大的最初印象，"逐渐进入一个更暗，雾更浓而且环境越来越压抑的环境，然后就来到了潮湿且烟雾弥漫的费城……市里的街道给人一种封闭的感觉，建筑也比较阴暗且脏乱，天压得很低，宾大所在的费城西部几乎就是一个明显的贫民窟。"几经周折，终于盼来了路易斯·康的第一节课，对我来说简直像到了"香格里拉"一样：

追随路易斯·康的我们从四面八方汇聚而来。先生和他的助教诺尔曼·莱斯一起，坐在长桌的中间，路易斯·康开始给我们讲起一个建筑项目，一些日本来的学生带来了录音机吱吱地开始录音。我们的第一个作业是一幢住宅，也是路易斯·康在维萨肯溪谷正在做的一个项目，路易斯·康将这个住宅描述成一个庇护所、一处教堂、一座用柱式中心围合的像小万神庙一样的圣殿。那是我首次听到有人这么描述一幢住宅。在这之前，我一直都在做一些公众投资建设的学校建筑，低保住宅以及一些简单直接的项目。而那些比较抽象的对话是课程中更难理解的部分。那些路易斯·康的核心追随者围绕着他，就像围绕着一位盘坐在菩提树下的大师，只有几位被选中的学生才能和路易斯·康以及勒里科莱斯进行那些极其难理解的对话。[36]

米迦勒·科布发现自己：

无法弄清路易斯·康真正想要的东西，如果不是我过度紧张没听清楚，那就是这些话本身就容易让人摸不到头脑，这种感觉甚至让人有些气愤。毕竟，我在本科的建筑班级里，是以第一名的成绩毕业的，还曾获得过AIA学院奖，而且在过去的五年里，我一直都"如鱼得水"地从事着建筑事业。但是……我以为路易斯·康是希望我们去做一些更概念化的设计——但是却总觉得他另有目的。[37]

约翰·雷蒙德·格里芬还记得当年路易斯·康曾阐释过的研究生班的教学目的。"我相信在座的各位都有能力设计出一幢美轮美奂的建筑，这也是我教学的前提。但那并不是重点，我们教学的重点会放在对建筑'本质'的分析层面上来，以及你的方案是如何表达这一本质的。"[38] 在熬过了最初阶段的困难时期后，大多数学生，包括科布都开始意识到路易斯·康的"其他目的"，开始明白路易斯·康真正想要的是他们所有人去接受苏格拉底式的教授方法，以批判的角度来审视自己的设计理念，同时开始探索出一条自己特有的设计思路——不仅仅是从建筑设计的方面出发——而是从更宏观的角度，从以人为本的角度去真正地理解设计的内涵。[39]

7. 开始

一个项目的设计伊始阶段对于路易斯·康来说是最神奇的阶段，而且在他的教学方法中，他对学生初始阶段的想法的重视度远远高于最终的设计成果。因此研究生班的设计作业都比较重视设计的开题部分——如何开始一个设计。路易斯·康让我们想象一个书架，上面有全套的百科全书，包含了世界上所有的相关知识，而他希望我们找到第一册百科全书之前的"第零卷"，找寻超越所有知识的万物根源。

路易斯·康并不要求我们完成建筑的细节图纸，而是要求我们不断地表达最根本的想法或是设计思路。在这里，对作品的艺术品质以及最初的设计想法的关注远远超过作品的技术性、完整性及准确性。也正是这种倾向，激发学生们设计出了很多令人兴奋的作品。比如在一个高中学校的方案设计中，一个学生只考虑了建筑的基础部分，而并没有设计出整个建筑形式。路易斯·康肯定了这种做法，同时评价道："建筑成就在基础之上……而好的建筑来自于好的基础。"[40]

一些班级的设计任务是由路易斯·康直接布置的，还有一些是通过路易斯·康和其他老师，或是从学生之间的谈话中产生的。大部分内容都围绕着机构类建筑产生。不过建筑的种类每次都有不同，有的内容比较具体，有的

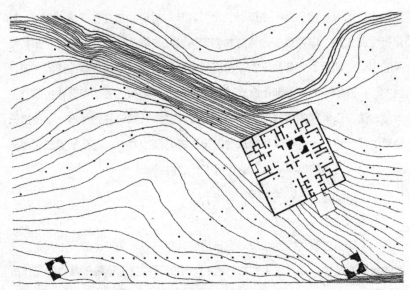

音乐学校 [学生作业，摄影师：卡尔·G·史密斯二世（Karl G. Smith II），1972 年研究生班]

社会山住宅项目 [学生作业，摄影师：戴维·特里特（David Tritt），1972 年研究生班]

第一部分 探索"不可度量" / 079

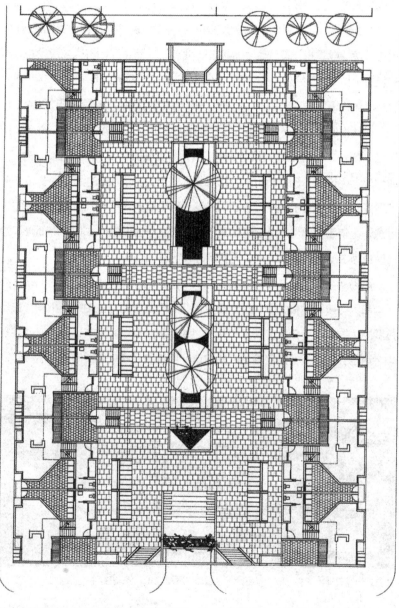

社会山住宅项目（学生作业，摄影师：卡尔·G·史密斯二世，1972年研究生班）

则比较模糊。有些设计题目极其模糊,比如"一个没有场地与目的的空间"或是"城市场地",这类题目都是需要学生"在费城范围内,自己去发现目的、创作、设计或是重新设计轴线、环境、地点,从而更好地表达或是代表城市的特点个性。"[41] 另外一些题目,尽管仍旧比较概念化,但是相对实际一些,会有具体的场地或项目内容,比如位于社会山的音乐学校或是住宅项目。

设计作业并不限于私人建筑,同时也包括城市设计项目,比如重新设计独立广场。1974年的设计题目是重新开发设计费城北部欠发达区域。其中,谢尔曼·阿伦森(Shernman Aronson)通过研究当地的人口密度和交通流量开始切入。为了将住宅区的街道设计得更适于步行,并且减少汽车的通过量,谢尔曼提倡使用单行机动车道,在道路尽头设置停车位,降低噪声的同时也为主要的交通枢纽提供更宽敞的人行道。

路易斯·康也会选择一些自己的项目作为设计题目,包括纽约的唯一神教堂和罗切斯特学校;加利福尼亚拉荷亚海湾的萨尔克生物研究机构;安哥拉罗安达的美国大使馆;新罕布什尔州的菲利浦爱斯特图书馆。有时,院长帕金斯也会针对设计题目给出一些建议,不过路易斯·康并不一定会接受。

独立广场再设计(学生作业,摄影师:米迦勒·科布,1970年研究生班)

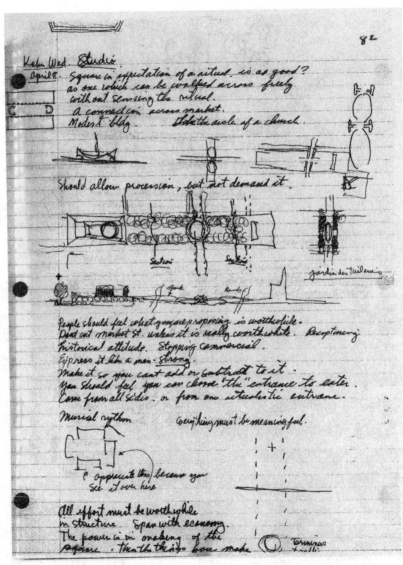

独立广场再设计（学生约翰·雷蒙德·格里芬的笔记，1964年研究生班）

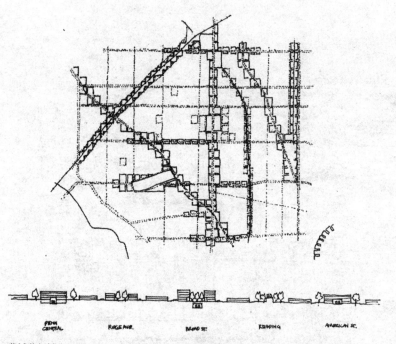

费城北部城市更新设计（学生谢尔曼·阿伦森的作业，1974 年研究生班）

有一次帕金斯曾建议采用费城的东街市场项目，但是路易斯·康最后还是采用自己在孟加拉的首都卡达市内的纳加尔的一个项目。42

还有一次，奥古斯特·科门登特建议路易斯·康安排一次关于快速道建设的项目，穿过费城的特拉华快速道，这条快速路的建设也是一个一度被当时新闻炒得很热的具有政治争议性的话题。同学们接到任务书后，提出了一些很有意思的想法，奥古斯特·科门登特认为，由于缺乏有关桥梁设计和交通工程的专业意见，"这个设计题目的成果简直就是一场彻彻底底的灾难。"后来勒里科莱斯也给出了一些评论意见，路易斯·康建议科门登特应该在设计题目进行的过程中，时不时地给学生上一些关于现代结构系统、材料、相关建筑施工方法以及造价方面的课程。43

路易斯·康习惯从十分概念化的角度来给学生布置新的设计任务，他的这种教学方法并非始于研究生班，他从1958年在宾大从事本科生教学工作时，就开始了这种教学方式，并且有相关的文字记载。当时路易斯·康在布置一个关于费城西部的城市住宅重新开发项目：

有时必须要反向工作，从一个全新环境的概念，慢慢地回到当下。因此，即使是很小的因素，都会影响整个项目的发展方向，这并不是附加设计。

因此，必须要设计出一种严格的基础框架，来满足使用者的能动性以及需求。同时要特别注意整个方法的流动性（交通系统），还要准确捕捉到群体的边界。

逐步地进行一个区域的重新开发建设，保证框架的建立，同时要充分地利用现存的可利用元素。要假设这是唯一现实也是有机的设计方法。这种方法最终会引导设计进入一种自我生长的过程。[44]

菲克列特·耶格曾回忆说："前几周路易斯·康并不会允许或是鼓励学生动笔进行设计。我们主要是进行项目相关的探讨。"[45] 路易斯·康会组织大家进行一些讨论会，然后提出一些苏格拉底式的问题，来启发学生进一步探索，最后通常会进行长篇大论的总结。

在接下来的设计课中，一旦学生有了一定的设计思路，每个班级都会针对学生绘制的图纸和制作的模型进行小组内的不断评论与推敲。在工作室搬到费舍尔艺术图书馆之前，大家会把图纸和模型放在那张较大的会议桌上。搬到费舍尔大楼之后，最后一节课一下课，感觉自己有较大进展的同学会把自己的草图都"挂在"那些可以自由移动的隔断上。路易斯·康经常会在学生的包围下迅速地看一下这些图纸，然后挑出他最感兴趣的一张图纸，忽略其他在他看来不值得做深入探讨的图纸。然后他会对这位同学所表达的概念进行简要的描述，通常情况下，路易斯·康所选中的图纸都会引发一场关于"信仰""灵感"或是"启发"方面内容的即兴讲座。

在研究生班的课堂上，教师从来不会花费时间教授基础的专业技能知识比如项目要求、表达技巧或施工图纸绘制等内容，因为该课程内容是在默认学生已经具备上述能力的基础上设置的。很多具有一定专业背景的学生比较看重最后的设计作品，所以很难适应路易斯·康对于设计初期理念过度重视的教学方法。卡尔·G·史密斯二世，1972年研究生班的学生，在来到宾大之前一直从事建筑工作，习惯了只注重速度不强调初期详细调研的设计思路。史密斯念书时接到的第一个设计作业，是费城中心区域的一个住宅项目，他第一次展示进度的时候，挂了一张几乎设计完成的图纸。报告结束后，路易斯·康问他："未来的五周你打算做些什么呢？"路易斯·康建议史密斯花些时间重新分析一下整个设计，更用心地完成这个作业。[46]

在一次修道院设计项目中，路易斯·康再一次表达了他所坚持的教学理念，认为过细的项目要求会扼杀学生的创造力。路易斯·康的这一理念也说明了他一直希望自己的学生能和自己一样，在设计工作中坚持探索建筑的本质，虽然这具有很大的难度。

正如路易斯·康所说："在做修道院设计时，我们需要忘掉修道院……忘了什么是僧侣，什么是教堂，什么是僧寮……"[47]菲克列特·耶格也曾描述过路易斯·康的这种教学方法：

我们曾一起探讨过僧侣或是牧师真正的意义，他们所代表的信仰以及对社会的贡献——完全是站在精神的层面上而非宗教立场，同时我们班级也去参观了一座位于费城周边的基督教修道院。路易斯·康并不是特别关注僧侣对于修道院在精神层面的看法，我们也是——因为他们的思想比较局限，同时他们的想法也比较物质化。"他们不会知道的，毕竟他们只是一些僧侣！"[48]

学生花了很长的时间才消化路易斯·康的概念：

前两周的时间，学生们一直试着从他们脑海中一些根深蒂固的想法中解放出来。一个年轻的印度女生怯声地说道："我认为僧寮才是修道院的主要空间。正是因为这些僧寮的存在才有修道院的餐厅，才有了教堂这种建筑形式。作为收容空间的功能是一致的。"

……另外一个从来没有去过修道院的印度学生说："我完全同意妮娜的观点，但是我还想补充一点：一旦僧寮空间构成教堂建筑，那么教堂就等同于僧寮。而餐房也和僧寮空间以及教堂也具备了同等的地位。那么这些空间的重要性就变得一致了。"

修道院内的食堂并不是餐厅，因为它并不是一个单纯吃饭的地方，它有自己特殊的意义。印度学生并非班里设计能力最好的学生，但是很明显他们敏锐地察觉到了这一点。

印度学生所说的这些话给班里设计能力最强的学生带来了灵感，他将修道院的食堂和餐厅之间隔开了半米的距离……同时，他还设计了一个巨大的壁炉，完全超过了它的常规尺寸，不过此时的壁炉其实是一种火的象征——不忘初心，永远怀揣希望。我们看到这个方案的时候都感到十分兴奋。

……我们一直在问自己，"什么才是修道院？到底是什么想法才产生了修道院这样的建筑……？"

我们不断完善方案，这也是我教学生涯中最激动人心的一次经历。思想完全解放，不再受限于任何一种传统思想的禁锢，这才是我们真正应该珍惜的传统——追随自己的心灵。[49]

路易斯·康的一些学生，包括1960年研究生班的学生詹姆斯·尼尔森·凯斯（James Nelson Kise），都对路易斯·康所谈到的一些极其晦涩难懂的话题印象深刻：

我至今还记得我们有一次针对球形形式以及进入方法展开了一场生动的讨论：没有任何一个入口在同一个平面上，并且都位于形状的端部。设计中另一个十分重要的元素就是照亮空间的光，也是位于我们头顶中央的"万恶之源"。每当我进入一个空间，都会被内部的光线所吸引。不管我们评图的时候手上有什么样的图纸，每当谈到这一类话题总能聊上一整个下午。这些课程内容让我终生难忘，因为它探讨了设计本质的问题，同时也让我一直对"风格"持有一种质疑的态度。[50]

约翰·雷蒙德·格里芬的笔记中还记录过1964年某节课上的一次讨论内容，也从侧面体现了路易斯·康的教学理念：

万物的背后都有其自身的原理……我们身边随时都存在各式各样的问题。……帕提侬神庙：既是属于一个人的建筑也是属于一群人的建筑。会有人独自走入一个巨大的空间中吗？我们是否需要在建筑周围设置回廊来方便人行走呢？我们应该把主要空间的影响力加强，从而吸引更多的人进入这个空间；让使用者自发地在空间周围活动观赏……我们应该只评价那些具有评论价值的作品。一个建筑师并不应该过度在意一幢建筑是否是一个雕塑……设计流程：①摆脱所有限制，重新思考空间本质。②案例学习。③思考限制因素。④做决定。[51]

菲克列特·耶格指出，路易斯·康的学习方法并不都是理论层面的，有时，他也会希望学生的作品能够现实一些：

某个下午，路易斯·康来到班级看一个印度同学的设计。这位同学本该设计一个修道院建筑……但是他却设计了一个非常巨大的花园，然后工工整整地用步行道和花圃分割开。路易斯·康本身是喜欢花园的，并且提倡在设计中引入花园的部分。但是他看了一下这位同学的图纸，然后问道："你打算怎么给这个花园浇水呢？"很明显，这位同学设计的这个花园完全没有考虑过给植物浇水的问题；设计中欠缺了浇灌方面的考虑。听到路易斯·康的问题，他显然有些不知所措，然后含糊地回答道："用水管。"路易斯·康拿出了自己随身携带的小型比例尺，量了一下灌溉距离，然后笑着说："那你可能需要找消防员来帮忙！"[52]

8. 图纸与模型

宾大艺术研究生学院的课程设置主要强调通过手绘来进行概念表达，但更重要的是，通过对心理创造力的研究，利用徒手表达的方式培养学生思考、分析以及理解问题的能力。路易斯·康曾说过："你经常会误以为自己在思考，但其实你并没有，因为如果你在思考你一定会动笔开始画图。"[53]

学校鼓励学生养成画草图的好习惯，而且评图的时候评委也会十分看重学生的手绘能力。研究生班的个别学生会得到给本科生教课的机会，主要就是负责教授本科生学习用钢笔进行快速表达，这项技能需要学生的耐心、自制力以及专注力。

路易斯·康也十分注重学生手绘能力的培养，而且大家都很崇拜他用碳笔和彩铅绘制的精美手绘图。小约翰·泰勒·塞得那（1962年秋季）曾说过："路易斯·康的工作室不仅擅长使用泥塑雕塑，同时也具备极强的手绘功底。""从班级的黑板到学生的图板，再到桌上的硫酸纸，路易斯·康一直在教给我们图纸在设计表达中的重要性，他通过一张张图纸对我们讲述他的故事，通过图纸跟我们描述他的一生——创造建筑的一生。来到宾大，我很高兴能看到路易斯·康十分肯定手绘表达在思考和设计方面的作用。他曾说过：'一个人对于建筑本质的探索过程，是通过图纸表达出来的。'同时我想补充，图纸其实也能表达出场地的本质、人的本质以及整个设计过程的本质。"54

在最终评图的时候，经常可以看到一些用碳笔、彩铅、钢笔或是深色铅笔在黄色草图纸上绘制的手绘图——长久以来，大部分建筑师只用它绘制初步的草图。除了图纸之外，等比例模型也是最后展示时必不可少的成果之一。这些模型通常都是一些"草模"，用一些廉价的芯板迅速搭建而成。对于一些地形复杂或是场地过大的项目，通常用黏土来制作整个街区或是城市区域的场地模型。约翰·雷蒙德·格里芬（1964 年）曾记录过第一学期成果展示时的一些要求：

路易斯·康告诉我们用黏土模型来展示我们的方案，同时还需要展示"详细且仔细绘制的"平面图纸。同时他还会建议使用 1/40 或是 1/60 的比例。路易斯·康解释说，采用小比例模型可以让我们更清楚地看到建筑的所有部分以及这些部分之间的关系……"让一切尽收眼底。"路易斯·康让我们到学院地下室的模型室找些黏土和工具，然后制作一个基地模型，以便后期把我们设计的木质建筑模型放在上面。路易斯·康建议我们使用的黏土是意大利珠宝商们常用的一种建模黏土，叫作罗马黏土，我们后来在果子街上的艺术用品商店中买到了。这种材料买来的时候都包装在蜡纸里，每块都不大，本身是奶油色，可塑性特别好，也不油腻，可以塑造出一些尖锐的棱角。每当用这种材料的时候，我们都会开一些小玩笑，比如"好了，我估计我们又要变回幼儿园学生开始玩黏土了"，从某种程度上说我们确实如此。我十分喜欢这些黏土，甚至有种相见恨晚的感觉，之前在建筑学院念书的五年里竟然从来没有人跟我推荐过这种材料！55

第一部分 探索"不可度量" / 089

他两只手分别拿起一支粉笔，然后转身朝向黑板，双手同时在黑板上流畅地画出了一个完全对称的花形图案 [马丁·里奇（Martin Rich）收藏，宾夕法尼亚大学建筑图书馆。收藏者：马丁·里奇，1964 年研究生班]

路易斯·康的一些教学方法有时会非常出人意料。有一次，大家探讨对称性的问题，路易斯·康将大自然的对称性和建筑设计中的对称性进行对比，还提到了达·芬奇可以同时用双手绘画的事情，然后他亲自给大家演示了一下这种神奇的绘画技巧。路易斯·康转向黑板，左右两只手分别拿着一支粉笔，然后同时流畅地绘制了一个对称的花形物体。他似乎想用这种方法来增加自己的教学热情，同时也证明了平衡能力、眼手协调性以及体力在创作过程中的重要性。[56]

1969年研究生班的学生斯坦·菲尔德（Stan Field）曾回忆说，他曾问路易斯·康，他喜欢用什么笔来绘制草图，"然后他把他那支很粗的碳铅笔拿给我看，他把笔尖处多余的铅去掉，然后送给了我——时至今天，我一直小心地收藏着这支笔。"[57] 宾大的老师安妮泰格是路易斯·康的前任助教，也是他女儿的母亲，她曾描述过一个细节，充分地体现了路易斯·康对图纸的热爱以及对学生和员工的尊敬。"不管是在工作室还是学校里改图，路易斯·康从来不会直接在别人的图纸上动笔，他一定会在上面先盖一层草图纸。"[58] 大部分情况路易斯·康确实如此，但是也有例外的时候。爱德华·D·安德列回忆说："有一次，路易斯·康直接在我黄色的草图纸上画了起来。他先是画的我的设计，然后就开始画起了自己正在做的一个项目的平面图。他画的所有图纸都仿佛艺术品一样。当时他用的应该就是碳铅笔，时不时地会把重点的地方抹黑进行强调。"

还有路易斯·康生气的那次也是一次例外，他几乎从不发脾气，那次是因为安德列挂起来的一些图纸掉到了地上，其他学生没注意踩了上去，留下了一些脚印。当路易斯·康看到脚印的时候，他"犹如瞬间爆发的火山一样，完全忍受不了这样一张带脚印的图纸被展示出来，在他看来这种做法既有失职业操守，也是对客户的不负责，同时也是对别人的不尊重。然后他愤然地离开了教室。"[59]

还有一个路易斯·康的学生也曾经描述过路易斯·康生气的情形："当年有一个学生，在设计屋顶细节的时候坚持模仿柯布西耶的风格，路易斯·康为此劝说了好多次。当路易斯·康发现他不但没有听劝而且还完全没有打算

1970年组成最终评图委员会的成员有：帕金斯、罗伯特·勒里科莱斯、路易斯·康和莱斯。评委会的讨论经常会演变成激烈的争辩，不过这也正是研究生班的特色之一，而且从中也可以学习到很多东西 [照片 © 来自宾夕法尼亚大学建筑图书馆。照片斯韦蒂克·科尔泽涅夫斯基（Swetik Korzeniewski）]

动脑思考这一问题的时候，路易斯·康大步走向展示板，直接撕掉了他的图纸，团成一个纸团，还重重踩了一脚。"[60]

9. 评图委员会

每当项目设计结束后，学校都会组建一个由教师和在职建筑师组成的评图委员会给学生的作品打分，这也是建筑学院的传统做法。首先是每个学生讲解自己的设计理念，然后由评委会成员针对设计的优缺点展开讨论。

评委会的讨论经常会演变成激烈的争辩，不过这也正是研究生班的特色之一，而且从中也可以学习到很多东西。学生们"可以倾听、学习甚至参与到讨论中去"，同时"这是一种享受。学生们有时还会故意挑起一些争端……（为了）能学习到更多东西。"[61] 其中一些交流内容让人受益匪浅。斯坦·菲尔德（1969 年）回忆说，"当年我做的最后一个设计是一所中学，评图的时候，路易斯·康、诺尔曼·莱斯和罗伯特·勒里科莱斯针对我的作品展开了激烈的讨论，比如是否存在抽象建筑——形式是否可以实体化还是只是一种说法？44 年过去了，如今我还在思考这一问题。"[62]

最后评图的那几天总是很紧张。一早来到工作室的学生一定会看到一两个通宵达旦画图然后睡在制图桌上的同学。每当交图日期临近的时候，班里的节奏也会随之紧张起来：

交图前一周，建筑形式的细节图纸逐渐代替原来的概念图挂了起来……路易斯·康不仅会针对大家的设计理念进行指导，同时也会画一些碳笔草图来完善建筑平面和立面，他经常强调："大家要学会处理不同元素之间的构成方式，通过设计将这些元素完美地组合在一起。"

在最后一周，学生们几乎都会住在工作室，没日没夜地工作，这也给大家提供了一个相互交流、互相激励的机会。[63]

路易斯·康所带领的评委会出现的时候，仿佛和红毯上的明星一般耀眼，有时大家会拿着相机和录像机不断地拍摄。除了路易斯·康、莱斯和罗伯特·勒里科莱斯，委员会还会包括一些行业内著名的建筑师，比如罗纳多·久尔格拉、罗伯特·格迪斯、罗伯特·文丘里、丹尼斯·斯科特·布朗、蒂莫西·弗里兰（Timothy Vreeland）或是霍尔姆斯·帕金斯院长、工程师奥古斯特·科门登特、风景园林建筑师伊安·麦克哈格以及雕塑家

第一部分 探索"不可度量" / 093

路易斯·康所带领的评委会出现的时候,仿佛和红毯上的明星一般耀眼,有时大家会拿着相机和录像机不断地拍摄。此次路易斯·康还邀请了雕塑家罗伯特·恩格曼作为客邀评委一同参加了最后评图(照片来自宾夕法尼亚大学建筑图书馆。照片©斯韦蒂克·科尔泽涅夫斯基)

罗伯特·恩格曼（Robert Engman）。

对路易斯·康来说，整个评图过程就像是一场关于建筑的哲学讨论，可以通过多样的视角来尝试一些新的理念，其中也包含一些和建筑专业貌似没有直接关系的内容。路易斯·康认为像恩格曼这种雕塑家或是画家给的意见非常具有参考价值。"学校教育的失败之处在于并没有意识到艺术培养的重要性……（缺乏艺术）会让学生们失去努力工作、发现以及跟随内心想法去设计的意愿。"[64]

同时，像勒里科莱斯和科门登特这类的工程师也会给出一些不同角度的意见。路易斯·康认为"工程师就像科学家一样，他们'关注尺寸，关注事物的真正本质'。"[65]他们总是凭借自然世界及其规律来评价一个建筑方案的可操作性。

有时，路易斯·康的学生也会对评委会成员的评论表示不满。一些学生会认为这些意见过于专断、主观，并且有一定向学生卖弄炫耀的嫌疑。但是路易斯·康认为这种评图体制并没有什么问题。"我认为目前我们还会持续沿用这种评图体制，因为我知道至少学院院长认可这些人。"[66]

其他建筑工作室的学生也会特意来参加评图，中间的夹层部分也会站满参观者。有时，一些来自耶鲁大学或是普林斯顿大学的学生也会来参加。[67]研究生班的学生爱德华·D·安德列（1967年）曾就路易斯·康的最终评图委员会对学生的影响，进行过如下一段文字的描述，当时他们的设计作业是根据路易斯·康在菲利普斯埃克塞特学院设计的图书馆项目完成的：

当时我熬了三个通宵才完成了建筑的模型和图纸，然后匆忙地赶到了学院里进行毕业汇报的地点。我的妻子一直在安慰我，好让我冷静沉着地应对眼前的这一切。我知道光向路易斯·康以及其他几位老师单纯地展示项目是绝对不够的。教室里还出现许多建筑类的出版社，阳台上站满了本科生和规划专业的学生,而且……评委里还包括沙里宁的妻子、罗伯特·勒里科莱斯以及一些别有来头的人。虽然有点打颤,但是我还是站了起来鼓起勇气完成了我的汇报部分,汇报过程中我唯一的希望就是尽快回到我的座位上。汇报结束后我刚刚坐下,路易斯·康就转过来对我说:"你有没有意识到哪里有问题?"从我当时坐的位置几乎无法在大的场地模型中看到我自己的建筑模型。我想了想然后摇头回答,"没有。"于是他说,"真的吗?过来坐这里。"他站起来,并且让周围的人移开让我坐到了他的位置上!"现在呢?"我点头说道:"我明白了。"

这次的经历让我对建筑的理解有了质的飞跃。这次评图让我在之后45年的职业生涯汇报中一直保持着冷静和自信……有了这次经历后,我再也没有紧张或是质疑过自己的能力。[68]

从许多角度而言,评图委员会都是研究生班最有意思的部分。评图通常会从下午开始一直持续到半夜,期间科门登特和勒里科莱斯会一直扮演"反面角色",并且敢于直接质疑路易斯·康的意见。他们会提出许多问题,就像是他们自己完全不懂建筑构造方面的知识一样。通常情况下,评委们之间所进行的激烈的对话都会具有一定的趣味性,"评图的目的并不是给学生打分,而是平衡不同专业之间的利益。评图的重点在于学会同时平衡不同专业站在自身角度所给出的建议。"[69]

如果评委中有人给出一些没有根据的负面意见,路易斯·康都会站出来替学生说话。从某种程度上说,这也是路易斯·康的一种自我防卫,毕竟这些作品都是在他的指导下完成的,但同时也暗示了他对学生进行自我探索以及创新能力的重视程度。

在汇报过程当中,学生通常都是先设计在人文主义方面的核心价值。在莱斯和科门登特看来,一些学生试图凭借语言而不是"作品的概念和品质"

通过汇报。在一次评图中，奥古斯特·科门登特批评一个学生的设计在"人文"方面，并没有像他所说的那样创造出足够的生机，属于"眼高手低"的作品。奥古斯特·科门登特曾对此做出如下评论，先是解释他自己的看法，然后故意说了一些具有一定煽动性的话：

"我认为，一个建筑师的职能就是单纯地服务于建筑，就像是作为工程师的我专攻结构一样，所以对我而言，建筑结构就是我的全部，如路易斯·康教授所说，建筑就是他的信仰。当我设计的时候，我从来不会去考虑人文或是其他方面的内容，我认为建筑师也应该如此。"我最后这句话引起了一阵骚动，然后大家迅速打断了我开始议论起来，将我称为不人道主义者、利己主义者、技术官僚、独裁者等的声音均开始出现。

为了维持秩序，路易斯·康马上站了起来然后愤怒地说道："奥古斯特·科门登特，我们建筑师绝不是利己主义者或是独裁者；我们关注的正是人文主义方面！"

然后我说道："任何一个出色的行业专家都是一个利己主义者或是独裁者。我在费城就认识一位这样的建筑师，他是个典型的利己主义者，一位绝对的独裁者，但是所有人都很尊敬他。"

"我绝对不认为世上会有这样的建筑师存在！"

"路易斯·康教授，这样的人确实存在着，或许你很想知道他是谁，那么我就告诉你。他的工作室在胡桃山大街1501号，他的名字是路易斯·康。"所有人都欢呼起来，当骚动渐渐平息下来，我继续说道："这位建筑师的作品确实闪烁了人性的光辉，但是之所以如此，是因为这位建筑师把所有的精力都花在了建筑本身上，而不是夸夸其谈人性上。所以我才会将其称之为利己主义。至于独裁方面，那是因为在路易斯·康的工作室里，除了他自己任何人都没有最终的决定权。大家只能服从于他。我认为这就是一种独裁……"

当学生们安静下来后,路易斯·康站起来然后笑着说,"奥古斯特·科门登特说的完全正确。当一个人发表意见的时候,我们不应该打断他,应该等他把全部的想法表达出来之后再进行评价。奥古斯特·科门登特一直是一位敢于讲真话的人,他刚才把我们引入了一条滑路上面,现在我们都感受到了栽跟头的后果。"[70]

奥古斯特·科门登特总是抨击路易斯·康过于诗意的设计手法,并且总是以一些比较奇怪的方式来解释他的想法,奥古斯特·科门登特将其称之为"中式哲学"。路易斯·康总会向奥古斯特·科门登特和罗伯特·勒里科莱斯请教结构和材料方面的问题,如果发现路易斯·康在工程方面存在理解错误的情况,他们二人从来都会直言不讳地指出来[71]。其实路易斯·康是一个"对负面评价十分敏感的人"[72],尽管正面冲突的情况很少见,但是还是足以看出路易斯·康对于奥古斯特·科门登特和罗伯特·勒里科莱斯能力的肯定,他们才能如此直接地进行评论。正如奥古斯特·科门登特所说:

从来没有人敢于公然质疑路易斯·康的评论。学生、同事以及那些前来参观的人们不管是否出于真心,都会高度肯定路易斯·康的评论内容。不管路易斯·康说什么,大家都会表示认同。路易斯·康的员工,那些艺术家以及建筑同行们更是如此……谁会去质疑一位诗人呢?[73]

尽管大多数情况下,研究生班的学生们都会安静且顺从地接受评委的意见,但是也会有例外的情况发生。比如下面要说的这个例子,那次评图的设计题目是一所教堂:

当时参与评图的大概有25个教堂设计作品,都别具特色。大多数人的平面规划都在教堂的附近设计了一个巨型的停车场。但是其中一个学生完全没有为教堂内集会的人群提供停车空间。其中的一位评委认为这是他设计的一大缺陷。这位学生解释到,他认为教堂是最神圣的地方,所以他不能接受上百辆车围绕着教堂的这种做法。虽然在座的评委认同他的这一说法,但是仍然坚持设计中应该考虑停车空间。因为教堂位于山顶上,如果强迫人们步行如此长的距离才能到达目的地,实在是有些不方便。然而这名学生平静且有礼貌地回答说:"教授,如果有人认为步行100～150码(注:1码≈0.9米)不方便的话,那么他就不属于我设计的这所教堂。"[74]

本节参考文献

1 Vincent Scully Jr., Louis I. Kahn (New York: George Braziller, 1962), p. 16.
2 B.V. Doshi, as quoted in Richard Saul Wurman, What Will Be Has Always Been: The Words of Louis I. Kahn (New York: Access Press and Rizzoli International Publications, 1986), p. 271.
3 Karl G. Smith II, "Influence of Kahn's Teaching: How It Influenced My Career in the Architecture Profession," unpublished essay provided to the author, 2011.
4 See Appendices.
5 Martin E. Rich, AIA, "Recollections on the Master Degree Class, University of Pennsylvania, 1963 to 1964," unpublished essay, 2011.
6 See Appendices.
7 Ann L. Strong and George E. Thomas, The Book of the School: 100 Years, The Graduate School of Fine Arts of the University of Pennsylvania (Philadelphia, PA: University of Pennsylvania, 1990), p. 137.
8 "Architecture 800," Norman Rice, letter to entering students, September 7, 1965, Kahn Collection, 086 VII B 1.
9 Carlos Enrique Vallhonrat, letter to Norman Rice, September 1, 1967, Kahn Collection, 030 CEV to NNR 9-1-67.
10 Norman Rice, memorandum to Kahn, April 9, 1966, Kahn Collection, A-RC/06.
11 Norman Rice, letter to Edmund N. Bacon, January 10, 1967, Kahn Collection, A-RC/11.
12 Norman Rice, letter to the Master's Class, March 11, 1964, Kahn Collection, A-RC/20.
13 Norman Rice, letter to Kahn, November 29, 1965, Kahn Collection, A-RC/15.
14 Norman Rice, letter to Kahn, May 18, 1964, Kahn Collection, A-RC/17.
15 August Komendant, 18 Years with Architect Louis I. Kahn (Englewood, NJ: Aloray, 1975), p. 185.
16 Max A. Robinson, interview with author, September 23, 2011.
17 David B. Brownlee and David G. De Long, Louis I. Kahn: In the Realm of Architecture (New York: Rizzoli International Publications, 1991), p. 56.
18 Kahn, as quoted in Wurman, p. 43.
19 Edward D'Andrea, letter to the author, August 1, 2012.
20 Kahn, letter to Eero Saarinen, March 23, 1959, "Master File, September 8, 1958-March 31,1959," Box LIK 9, Kahn Collection.
21 Komendant, p. 178.
22 Kahn, as quoted in Wurman, p. 27.
23 Gavin Ross, letter to the author, October 11, 2011.
24 Kahn, as quoted in Robert Gutman, "Buildings and Projects," Architecture from the Outside In: Selected Essays by Robert Gutman (Princeton, NJ: Princeton Architectural Press, 2010), p. 118, n. 40.
25 John Raymond (Ray) Griffin, "Recollections on Louis Kahn," unpublished manuscript

provided to the author, 2012.
26 Memorandum, G. Holmes Perkins, Dean to Faculty of the G.S.F.A., April 7, 1964, Kahn Collection, A-RC/33.
27 Letters, Norman Rice to G. Holmes Perkins and Mrs. Rucker, May 11, 1965, Kahn Collection, A-RC/16.
28 Kahn, as quoted in Wurman, p. 31.
29 Norman Rice, letter to Carlos Enrique Vallhonrat, May 6, 1966, Kahn Collection, A-RC/13.
30 Glen Milne, letter to the author, September 7, 2011.
31 Max A. Robinson, "Reflections Upon Kahn's Teaching," unpublished essay, September 15, 2011.
32 Kahn, as quoted in Strong and Thomas, p. 232.
33 Max Underwood, "Louis Kahn's Search for Beginnings: A Philosophy and Methodology" (Washington, DC: Association of Collegiate Schools of Architecture, 1988).
34 "Notes for Seminar, Monday, September 16, 1963, Studio of LeRicolais, Rice, Kahn, Architecture 700, Monday, September 9, 1963," Kahn Collection, 030. II. A. 59. 1.
35 Kahn, as quoted in John Cava, "To Steal the Nature," unpublished notes made while a visitor to the Master's Class, 1973. Provided to the author, June 9, 2014.
36 John Tyler Sidener Jr., "Me and Lou," unpublished essay, 2011.
37 J. Michael Cobb, "Thoughts on Louis I. Kahn," unpublished essay, 2011.
38 Griffin, "Recollections on Louis Kahn."
39 Cobb.
40 Charles E. Dagit Jr., interview with author, May 8, 2012.
41 Miguel Angel Guisasola, "Architectural Principles and Memoirs," unpublished manuscript, 2011.
42 Brownlee and De Long, p. 81.
43 Komendant, pp. 178-179.
44 "Powelton-Mantua Plan, Studio of Louis I. Kahn, Fall 1958," Kahn Collection, A-RC/49.
45 Fikret Yegul, "Louis Kahn's Master's Class," unpublished essay provided to the author, 2011.
46 Smith.
47 David E. Leatherbarrow, "Beginning Again: The Task of Design Research," Ensinar Pelo Projeto, Joelho: revista de culture aarquitectónica (# 04, April 2013), pp. 194-204; [Portuguese and Spanish translations, in Summa+ (no. 134, February 2104), pp. 88-93].
48 Yegul.
49 Kahn, as quoted in Wurman, pp. 21-22.
50 James Nelson Kise, letter to the author, February 1, 2012.
51 Griffin, class notes, January 29, 1964.
52 Yegul.
53 Kahn, as quoted in Wurman, p. 101.

54 Sidener.
55 Griffin, "Recollections on Louis Kahn."
56 Martin E. Rich, "Photographic Essay from Nov. 1963: Louis Kahn's Studio Teaching Techniques," Made In the Middle Ground, Darren Dean, ed., Nottingham University, June 2011. Kahn may have learned this drawing technique at either the Fleisher School of Art or the Philadelphia Public School of Industrial Art.
57 Stan Field, letter to the author, October 11, 2011.
58 Anne Griswold Tyng, as quoted in Wurman, p. 301.
59 D'Andrea.
60 Peter Clement, as quoted in Carter Wiseman, Louis I. Kahn: Beyond Time and Style (New York: W.W. Norton & Co. 2007), p. 85.
61 Komendant, p. 178.
62 Field.
63 Underwood.
64 Kahn, as quoted in Leatherbarrow.
65 Leatherbarrow.
66 Kahn, as quoted in Michael Bednar, "Kahn's Classroom," Modulus, 11th issue, 1974, University of Virginia School of Architecture.
67 Griffin, "Recollections on Louis Kahn."
68 D'Andrea.
69 Leatherbarrow.
70 Komendant, pp. 186-187.
71 Ibid., p. 187.
72 Ibid., p. 167.
73 Ibid., pp. 164-165.
74 Ibid., p. 187.

五、路易斯·康和他的学生们

1. 与学生的互动

研究生班的毕业生对于路易斯·康在学生辅导方面的热情程度有着不一样的看法。在托尼·容克（1964年）看来，路易斯·康是一位十分负责的老师，并且在他的记忆里，路易斯·康"会看每一个学生的设计，然后给出一针见血的评价和建议。他能迅速看出学生的设计意图，然后给出合理的建议"。[1]

然而，1961年研究生班的学生丹尼斯·L·约翰逊（Dennis L. Johnson）却认为：

虽然路易斯·康有许多学生，但是他真正花精力去评价的只有其中少数的几个人……他对其他学生的作品没有什么兴趣，虽然大部分学生都会花好几周的时间精心准备自己的图纸。最终的评图过程也比较草率，一些学生会怀疑他们的设计根本没被看过。[2]

米迦勒·科布（1970年）回忆说："在他的工作室里，路易斯·康仅仅有一次对我的想法和作品表示出了兴趣（当时他看了看我的图纸、模型以及设计说明，然后笑着说'不错，不错'）。当时我做的是费城的独立广场再设计项目……当我汇报结束后，他走上前对我说'你改变了我对于一些事情的看法'；他对我报以谦虚的微笑，然后递给我一张他最近完成的小草图并且说道：'这是我送你的礼物。'"[3]

尽管路易斯·康十分擅长激发学生的设计灵感，但是他似乎并没有兴趣去鼓励学生，也几乎不会培养师生关系。研究生班的许多同学都认为，直到毕业，路易斯·康很可能都不知道他们的名字。只有少数的几名学生能够当着他的面,自然地称他为"路",一些学生直至毕业很多年后回忆起路易斯·康仍旧是觉得比较陌生,有些人甚至认为自己从来都没认识过他。小约翰·泰勒·塞得那(1962年秋季)曾回忆说:"我们称他为'路易斯·康先生',而且我们一直很惊讶那些来自东方的学生们竟然敢直接称呼他为'路'。除了私底下的时候,我从来没有当面这么称呼过他。"[4]

很多学生都认为路易斯·康缺乏人情味。他"总是给人一种距离感,仿佛一直待在他自己的世界里"。[5]"他从来不会像朋友一样同别人相处,他有着自己的节奏。"[6]

其他人,如小查尔斯·E·达继特(1968年)也曾回忆说,路易斯·康和学生之间的亲近程度,更多的是取决于学生的设计能力:

路易斯·康每次出现在班里的时候,看上去都十分冷漠或是很忙,只有当你有想法和他探讨的时候他才会对你表示出兴趣。他通常会花上一个或两个小时来探讨好的想法和创作灵感。如果你不能交出具有创作灵感的图纸,那么他一定会忽视你的存在。[7]

一开始的时候,大多数学生并没有意识到参加研究生班并不意味着就能和路易斯·康成为朋友,相反,来这里上课其实是一场痛苦的自我发现的过程。米迦勒·科布(1970年)后来才逐渐意识到,路易斯·康很少激励学生努力工作其实并不是对学生的一种漠视:

在来到这儿的第一个学期,我认为他应该更加积极地"鼓励"学生去设计。直到后来,我才意识到,他真正想要我们做什么。他并不希望我们为他做设计,而是希望我们能够进行自我"激励"——找到属于我们自己的声音,在我看来,这才是他希望我们学会的。当我们展示作品的时候,他都会仔细地倾听,会认真地分析我们所说的内容和我们的作品中所表达的思想。而且他不会有"预设"想法，所以也不会有固定的解决思路——但是……他十分希望能从我们的作品中看到一些新的或是有意义的想法，最好是他之前没有想到的内容。[8]

有一些学生会因为缺乏老师的关注而感到十分苦恼，正是因为路易斯·康每次出现都会引起大家的高度重视，包括我们班那个因为害怕路易斯·康的个性而在最开始拒绝入学的学生也十分期待路易斯·康的来到。"你知道，路易斯·康对于我们来说仿佛是神一样的存在，但是他连我们的名字都不知道。我多么希望他能有天来到我们班里，把他的手放在我们肩上，看着我们的眼睛……除此之外，我们还有什么需求呢？"[9] 研究生班 1962 年的学生弗莱德·林恩·奥斯蒙（Fred Linn Osmon），曾以为来到宾大就可以和路易斯·康进行一对一的沟通，然而到了这里他才发现，即便来到他的班上，和路易斯·康之间还是存在"不可逾越的距离"。他认为之所以会产生这种情况，是因为路易斯·康过于关注自己的工作。但是奥斯蒙反而将路易斯·康的这种风格作为自我探索的"动力"。[10] 这也是大部分学生采取的一种对策。由于路易斯·康的这种性格，大部分学生都放弃了与他建立良好个人关系的想法。相反，大家都开始试着接受路易斯·康给予大家的自由创作环境以及创新的勇气，哪怕有时候这意味着有悖于既定的建筑行业规律。

由于路易斯·康和学生之间普遍存在着这种距离感，所以学生们通常并不清楚他对自己的关心程度，不过在很多情况下，还是能看出他对于学生的尊重、宽容和关心。1970 年研究生班的学生米格尔·安吉尔·吉萨索拉（Miguel Angel Guisasola），曾记得路易斯·康对班里"女生表现出细微的关怀"。[11] 作为规划专业的学生，丹尼斯·斯科特·布朗（1964 年秋季）在设计独立广场的项目时，以对角线上的商铺和对面的商场为兴趣点再将地面停车场与之形成一个网络，停车场所在的露天广场与罗马的圆形广场类似。

路易斯·康最开始并不喜欢这个想法,并且在工作室里看图的时候明确提出了这一点:

> 他和我一直意见不同。我认为他的设计方法很不负责任,体现了建筑师在规划方面的欠缺——比如,因为核桃街、栗子街和市场街街道穿过了费城的独立广场就封锁了这几条街道。最终的结果是我们加宽且放大了这些穿过广场的街道,从而创造了停车空间!不过街道必须美观且具有仪式性。我认为最后路易斯·康和我都很喜欢这个设计成果。[12]

路易斯·康最终同意了丹尼斯·斯科特·布朗的想法。在评图过程中,她因为缺乏睡眠而无力表达观点,路易斯·康替她完成了这项工作,为他最初反对的想法进行了有力的辩护。[13]

大多数研究生班的毕业生都认为路易斯·康还是比较有耐心的,尤其是面对那些国外学生的语言问题时,总能保持一个良好的态度。麦可·贝奈(1967年)曾描述过,"路易斯·康从来不会拒绝倾听学生的想法或是看他们的图纸。尽管这样他不得不花大量的时间看大量的图纸,但是他从来没和我们发过脾气。"[14]1971年研究生班的学生戴维·C·埃克罗斯(David C. Ekroth)曾说道:"如果说路易斯·康有什么地方做得不够好的话,那就是他对于那些没有经过认真思考所做出的方案太过宽容了。他经常说,'永远不要给一位建筑师下定论'。"[15]

时不时会有学生发现自己无法承受研究生班的教学进度,也无法完成路易斯·康的设计要求。卡尔·G·史密斯二世(1972年)曾回忆道:

> 当时我们班有一位同学开始不明原因地惧怕或是无法理解路易斯·康的想法……有一次工作室进行评图,(他)在黑板上挂了一张空白的图纸……路

易斯·康、莱斯和勒里科莱斯走到他挂在黑板上的那张图之前,然后一言不发。全班都沉默了!最后路易斯·康终于开口说道,"在我的班级里,永远都会为诗人保留一席之地,但是我认为这里的每一个人都应该是诗人,是想成为建筑师的诗人。对吗?"说完这句话,他便开始看下一个人的图纸了。我记得在最后汇报的时候,这位学生就真的写了一首诗,一首经过深思熟虑后完成的诗。而且我认为路易斯·康最后也认可了他的作品。[16]

路易斯·康十分喜欢和他人一同探讨他所追求的建筑理想,但是他并没有公认的弟子,不过那些受到了他深刻影响的人,难以避免地成了"翻版路易斯·康"。他的学生中,甚至有人模仿路易斯·康穿起了黑色的西服套装和领结,模仿他那种轻柔且犹豫不决的说话方式。路易斯·康并不提倡他的学生们单纯地模仿他的风格,包括他标志性的碳笔草图或是在建筑平面方面对简单几何图形的应用方法。

然而,曾有一段时间,想要挖苦他们老师的诱惑,已经强烈到学生本身都无法抵抗的程度。1964年研究生班的学生布瑞恩·达德森(Brian Dudson),曾描述过期末班级举行的一次聚会场景:

当天聚会的地点就是我们展示图纸的地方,因为有一部分人先回家去找亲戚朋友了,所以聚会开始的气氛并不是很好。于是大家建议玩一个小游戏,找人来模仿路易斯·康的样子对挂在屋子里的图纸进行评论。最先模仿的是一位来自爱尔兰的学生,和大部分爱尔兰人一样,他十分具有喜剧天分。他先是梳了一下头,然后扎了一个领结,便开始模仿路易斯·康的声音和举止,一张接一张地进行评图。随后一个外国留学生,一个典型的追随者进来了。他之前就因为崇拜路易斯·康所以留着路易斯·康的发型,扎着路易斯·康式的领结,并且举手投足间都很像路易斯·康。所以大家找他来模仿路易斯·康的样子进行评图。他很高兴地同意了,并且模仿得惟妙惟肖。正在这时,路易斯·康本人进来了,大家同样要求他根据这些正在展出的图纸评价一下材料方面的应用情况。来参加聚会的来宾们当时都表示十分震惊。怎么会这样?建筑学院里面竟然会有这么严重的个人崇拜现象。[17]

在路易斯·康严肃的研讨会议上,偶尔也会出现一些轻松的插曲。也正是因为他上课的时候总是十分严肃,所以偶尔的小幽默反而会给大家留下深刻的印象。吉兹·伊肯(1966年)曾回忆,在1966年9月份的某一天,路易斯·康开始给大家布置设计任务,题目是菲利普斯埃克塞特学院的新图书馆。和往常一样,这次讨论的内容也包括路易斯·康最关注的话题——"起源":

"你们谁知道第一个图书馆是何时出现的?"路易斯·康微笑着问大家。班里的学生都知道这并不是一个疑问句。他继续说道:"从前有个人抓了一条鱼,"他稍微停顿了一下,"但是他不知道怎么吃,这时就有了图书馆。"听到这个有趣的起源班里的同学都笑了起来。在我看来,这就是路易斯·康最典型的教学方法。他总是喜欢从"起源"讲起,然后引导大家进行自我发现,陷入沉思。信息时代的起源——抓鱼——不知道怎么吃——他用他特有的思路启发大家去思考。我认为他在为我们指引方向。[18]

1963年研究生班的学生戴维·G·德隆(David G. De Long)还讲过一件关于路易斯·康的趣事:

那时我们班有个日本学生,他经常会把"l"发成"r"的音。有一次评图的时候,这个学生提出在住宅中加一个"游戏室"(play room)的想法,路易斯·康误听成了"祈祷室"(pray room)。他说完之后,马上严肃起来,并且让全班同学坐好,然后开始针对"祈祷室"这一概念展开了深刻剖析。尽管大家尽量忍住没有笑出声,但是因为太明显了,所以最后还是发现了自己的错误,然后他也和大家一同笑了起来。[19]

麦可·贝奈(1967 年)曾回忆,有次评图委员会进行评图的时候,他的妻子把他们年幼的儿子也一起带来了。然后路易斯·康说:"如果宝宝哭的话,我们就知道这一定是一个不错的方案。"[20]

1966 年 2 月的那批研究生同学,在结束了第一学期艰难的课程之后,误以为自己完成的作品让路易斯·康十分失望。所以,为了弥补路易斯·康,也为了让他开心一些,学生们决定在他 65 岁生日那天,为他在工作室举办一次生日派对。大家用氦气气球装饰了整个班级,还烤了个蛋糕,上面写着"快把我吃掉"。路易斯·康看到这一切之后十分高兴,"还跳了一段吉格舞……然后拿起了红酒为每个人倒了一杯酒"。[21]

每个学期末都会举办一次聚会,有时会在市中心路易斯·康的家里,有时在莱斯家,有时会在某个学生的公寓里。路易斯·康很高兴参加这样的活动。他在上课的时候浑身上下透着一股哲学家的气息,但是在这样的场合里,你会看到一个完全不一样的路易斯·康。他会边喝红酒或纯杜松子酒边和你聊天,你会发现原来他也会有普通人的一面。[22] 有时他甚至会用钢琴弹奏一段巴赫的曲目来为派对助兴。约翰·雷蒙德·格里芬(1964 年)曾回忆道:

那天派对邀请了所有的同学和老师,个别同学的妻子准备了一些开胃菜,我朋友的爱人还特意烤了名为"路易斯·康饼干"的奶油酥饼,它们采用了路易斯·康在罗安达设计的美国大使馆拱形窗的造型,正方形的上方叠加了一个更大的半圆形图案。一些人担心这么做会让路易斯·康不开心,但是当服务生把这些饼干端上来的时候,路易斯·康和莱斯微笑着一人拿了一块,咬了一口拱形造型的部分，然后一手拿着饼干，一手拿着红酒，继续他们愉快的聊天。[23]

研究生班最看重的就是设计的原创性，每当路易斯·康看到一个新的想法或是一个好的理念的时候，都会赞不绝口。当然，一些学生并没能理解他的想法，不知道他其实是希望我们能够探索出一条自己的道路，但却没能好好把握住自己在设计中的直觉。对于这些学生来说，研究生班的过程显得尤为艰苦与难熬，那种平庸的或是简单的解决思路永远都不会让他满意。在看到这种方案的时候，路易斯·康通常的表现都是不怎么说话或是干脆保持沉默。加文·罗斯（1968年）回忆，有一次路易斯·康"静静地凝视着我最后交上来的作品，他看了很长时间，然后转向我，十分沉重地对我说，'这根本称不上建筑'。当然，他说的完全正确。"[24]

米迦勒·科布（1970年）也描述过在他研究生班初期时的一次类似的经历：

那时我一直全身心地投入做我的"斯特灵住宅"设计。因为这个设计是第一个要给路易斯·康汇报的作品，所以我希望把我会的一切都展示出来。当时我采用了一些在我看来有一定意义和创新性的设计方法，同时也画了一套完整的图纸，从场地分析到潜力挖掘，在设计方案中我考虑了一切比如材料等我认为有价值的内容。当我汇报结束时，我记得他先是什么都没说，然后他拽过来一块小黑板然后递给了我一支粉笔。然后他让我把方案中我认为"真实"的部分画出来。他说如果我能画出来的话，那么他才能知道我的方案到底好在哪里。尽管我完成了很多技术性图纸，但是他只是说我既然能来这里上课，就证明了我具备了绘制这些图纸的技能。其余的他什么都没说，然后就继续看下一个同学的作品了。[25]

来这里念书脸皮一定要厚，因为路易斯·康一向有话直说，当你的设计作品缺乏亮点的时候，他的言辞甚至会有一些犀利。托尼·容克（1964年）回忆说："当遇见那种过度膨胀的同学的时候（我们班当时至少有一个这类的同学），路易斯·康可以用几个极为简短的词瞬间摧毁他的自负情绪。"[26] 他的同学，约翰·雷蒙德·格里芬曾记得："路易斯·康在评价的时候十分严厉甚至无情，无视已经算是轻的了，有时甚至会恶语相向。"格里芬至今仍记得路易斯·康曾给一个学生的黏土模型做出过如下评论："看上去像屎一样。"因为在他看来这个模型毫无形状可言，既没有几何感，也没有形式感。[27]

另外的一些情况是，要么路易斯·康认为某个学生的问题不合时宜，要么仅仅是他没有心情回答。托尼·容克（1964年）回忆说："在一次大型讲座中，听众中有一个人针对路易斯·康的诗意语言进行提问，认为这种做法虽然成就了路易斯·康，但是有的时候也会显得十分愚蠢。路易斯·康用他固有的话进行了回答，'这根本不是一个问题'，然后便继续讲下面的内容了。"[28]

大家都知道路易斯·康并不喜欢别人过细地盘问他的设计作品。丹尼斯·斯科特·布朗（1964年秋季）曾回忆，有一次一个学生的提问中暗含对路易斯·康作品的批评，路易斯·康回答道："如果你要问我这样的问题，那就没必要跟我学东西。"之后他又补充说："这就好比我能给你的是一个纯金的盘子，你要的却是刀和叉子。"他事后也对他的这种不恰当的比喻表示了歉意，但是并不认为自己伤害到了这个学生的感情。[29]

另一方面，路易斯·康对任何人给出的正面评价都会铭记一辈子。格伦·米尔恩（1964年）曾记得，在一次城市区域更新的项目中，他不能接受直接夷为平地重新设计的做法，无法接受任务书中的要求。当时正好是1964年，美国城市更新的鼎盛时期，所以作为一个美国学生，他无法接受这种思路。在他的汇报还没有结束的时候，路易斯·康便打断了他，指着米尔恩的作品对全班同学说:"大家都可以来看一下他的做法。"[30]

1974 年研究生班的学生安东尼·E·塔兹米兹(Anthony E. Tzamtzis)来自希腊,他仍然记得,"有一次路易斯·康曾表扬我的场地设计十分具有独创性,而且十分特别,'就像是古希腊人的规划作品一样出色',这句话让我当时十分自豪。"[31]

加文·罗斯(1968 年)也回忆过路易斯·康曾经通过先表扬然后提问的方式来评价学生的作品:

我记得那天他先是盯着那个作品看了许久,然后转过来对学生说他的设计方法比他自己之前采用的处理方式要好(指堪萨办公大楼设计方案)。随后他希望这位学生能够谈谈为什么这个作品可以给他留下很深刻的印象,好能给其他同学借鉴一下经验。这绝对是一个十分难回答的问题!不过也是我们在路易斯·康的工作室学到的一样东西:在进行建筑设计的时候,要随时根据设计的进展同时加深对于建筑本质的理解。[32]

2. 学生间的关系

大多数研究生班的毕业生在学校期间都保持着一种同事关系,但是当学业结束的时候,一些同学会组成一些紧密的小团体。菲克列特·耶格(1966 年)曾回忆,尽管学生之间也会存在一定的争执和猜忌,但是路易斯·康一直提倡大家要具有团队精神:

过去也好,现在也罢,建筑学院的学生都会习惯用硬纸板之类的材料分割出属于自己的设计空间,然后在这些不起眼的小领域内进行自我"创作",同时防止其他同学抄袭自己的设计理念。所以路易斯·康提倡大家要形成"团队"意识,希望大家明白那些自以为是的戒备心是有多愚蠢和幼稚。我们逐渐开始接受他的这种思想。尽管当我们首次被整合在一起的时候会有些难以接受。第一次看草图的时候，我们忍痛拆掉了自己的小城堡，但是也因为我们坐到了同一条船上来，我们开始试着以小组的形式共同奋斗，以一个更开放的视角来看待建筑，我们发现分享的力量远远大于单个人的努力。当我们一起在费舍尔大楼的工作室里没日没夜地画图时（不允许回家私下进行设计），我们逐渐产生了一种神圣感，就像路易斯·康一直与我们同在一样。[33]

在小约翰·泰勒·塞得那（1962年秋季）看来，研究生班的经历并非全部都是那么"和谐"。丹尼斯·斯科特·布朗（1964年秋季）回忆说："班级里还是存在嫉妒现象的，尤其是那些路易斯·康比较喜欢的学生。"[34] 而且越来越多的学生发现，班级里存在对路易斯·康个人崇拜的现象。

班里难以避免会出现一些小的团体，不同团体之间就会存在一定的冲突。这种情况大部分会跟法国同学有关，因为路易斯·康通常会给予他们特殊待遇。路易斯·康的一些法国学生会占据班级角落处一片很大的空间，然后用图纸进行围合以防别人窃取他们的想法，虽然他们的设计方法大多都是抄袭路易斯·康在费城布罗德大街（Broad Street）再开发项目中所采用的复杂网格的概念。团队之间的矛盾偶尔也会有激化的情况，比如有次其中一名法国学生伯纳德·休伊特（Bernard Huet），因为一位来自德克萨斯的学生的妻子独自说起了法语，"违反了法语的规范"，所以要和这位同学进行对决。幸运的是，这件事在进一步激化之前就被平息了下来。[35]

尽管大部分学生都积极回应路易斯·康在研究生班所提倡的哲学理念和教学方法，但是也存在一些反对者和质疑者。科门登特也曾说过路易斯·康一心追求建筑设计，并且宣称"对我而言，建筑不是养家糊口的工具，而是一种信仰，我愿意追随这种信仰，为了人类的幸福奉献我的一切"。[36] 丹尼斯·L·约翰逊（1961年）就是其中一位对这种类似信仰的建筑理念持怀疑态度的人。他曾说道：

> 用一张草图然后以诗意的方式来进行对建筑本质的探索，是一种十分类似宗教的做法。每当路易斯·康出现的时候都像是一个布道的僧侣，然后他的学生会像信徒一样围绕在他的身旁。他们聚精会神地听着他所说的话。作为一个来自中西部的瑞典人，我的本性让我更习惯坐在外围，带着质疑的眼光来听他讲话。[37]

对于约翰逊来说，这个课程只有科门登特和勒里科莱斯来讲结构和形式，路易斯·康来负责讲他自己的理念，实在是有些枯燥：

> 一整个下午交换地听着厚重的德国口音、法国口音和路易斯·康那种独具特色的英文真的让我十分头痛。期间会有个别学生，冒着被路易斯·康羞辱的风险大声讲话，路易斯·康一定会告诫他们要对建筑怀有一颗虔诚之心。其他人则会一直保持安静，虔诚地聆听着他的教诲，然后期末的时候交上我们的设计作品。我……其实一直都不是很确定，路易斯·康是否真的有认真看过或是考虑过我的设计。虽然我承认他是一位非常优秀的设计师，有着自己明确的个人风格，我也很尊重他。但是，我不是特别喜欢他那种把建筑当信仰的授课方式。我更不能理解那些对他一脸崇拜甚至有些谄媚的学生和追随者。[38]

3. 语言的运用

路易斯·康作为老师，之所以深受学生的喜欢主要是由于他独特的表达思想的方式。任何关于路易斯·康作为教师的文章中，一定会提到他在课堂上、写作中以及讲座中所使用的那种特殊的表达方式。彼得·谢波德（Peter Shepheard）在霍尔姆斯·帕金斯之后，于1972—1979年间继任了艺术

专业研究生学院的院长一职,将路易斯·康称为宾夕法尼亚大学的建筑"精神导师",因为他总能对年轻人产生很大的影响:

> 路易斯·康对年轻人来说仿佛有一种魔力。中年和老年人群完全无法接受他的讲话方式,但是对年轻人却十分受用。对我来说,他这种在建筑方面特有的交流才能就像是一种神圣的天赋……这也使得他身上有一种先知的气质,犹太信徒的特点,充满了宗教意味——人容易让别人信服,他口中的建筑闪烁着神圣的光辉……我相信,他的学生对这一点一定深有体会。[39]

彼得·谢波德可能掩饰了自己对路易斯·康理念理解上的困难,路易斯·康在课堂上总是反复强调他的理念,同时探索并等待着新的理念的形成。一旦理念成型,他又会采用一种"近似疯狂的婉转且高深"的说话方式。[40] 对于研究生班的学生来说,首先要面对的挑战,就是要能理解路易斯·康对于"形式"和"秩序"的诗意概念。有时为了表达他的要求,他也会创造一些新词,如"无暗"(darkless)或是"触觉"(intouchness)。多少年来,路易斯·康用不同的词语传达着一种不变的理念,那种并不存在的"不可度量"(unmeasurable),以及具有物质形态的"可度量"(measurable),其实指的就是"缄默"(silence)和"光明"(light)。

那些在宾大读过三年制建筑专业硕士课程的学生,都能比较容易地理解路易斯·康的思想。因为宾大许多的老师都是路易斯·康的学生,或曾是他公司的员工,所以都或多或少受到过他的思想的影响。包括罗伯特·文丘里、丹尼斯·斯科特·布朗、伊夫·莱伯(Yves Lepere)、卡洛斯·瓦隆大(Carlos Vallhonrat)、拉克·思罗尔(Lack Thrower)以及尤为擅长阐释路易斯·康思想的戴维·波尔克(David Polk)。即便如此,要想彻底理解路易斯·康的思想还是十分困难的。1974年研究生班的学生谢尔曼·阿龙森(Sherman

Aronson）曾回忆说："我们一直试图告诉自己我们能够理解路易斯·康所讲的内容。"[41] 但是几天后，当他的学生从路易斯·康的工作室出来的时候，一般都挠着头开始反复揣测他们听到的内容。

路易斯·康的这种讲话方式，既受到了人们的崇拜，也受到了不少人的非议。在他得到他的大多数学生、同事以及员工认可的同时，也受到了当时一些人的质疑。他们认为路易斯·康的作品和他那种诗意的语言之间存在一定的矛盾性。他们无法将作为艺术家、神秘主义者和哲学家的路易斯·康的公众形象与其所设计的建筑相协调统一。对于这些人，路易斯·康大多抱以蔑视的态度，认为这些人是故意想要模糊视听，而且他也不愿意直接揭露开发商和工程团队侵蚀建筑行业的事实。路易斯·康的反对者认为他之所以会具有这种特殊的性格，总是讲一些冠冕堂皇的大话，是因为他试图隐藏自己的性格缺陷以及自信的匮乏。他们怀疑路易斯·康在讲话中刻意夸大内容的哲学高度，好让普通大众难以理解，从而让自己的信徒们更加忠实于自己。

然而事实上，即使是路易斯·康最亲近的同事有时也无法理解他所说的话的含义。罗伯特·文丘里将他这位前任导师所钟爱的诗意比喻方式称之为"诡计"（hanky panky）[42]。有一次，路易斯·康为他的老朋友莱斯给美国建筑师协会写了一封推荐信[43]，莱斯对此表示了感谢，但是也承认他完全没有看懂路易斯·康在信里到底表达的是什么意思。路易斯·康忠实的拥护者文森特·斯库利也曾对路易斯·康这种"难以捉摸的表达方式"表示过担心：

有时，即便是我和那些崇拜他的人也很难理解他所说的内容，感觉他说的话晦涩难懂——甚至稍微有些虚幻。尽管他的哲学信条被许多人当作福音一样传唱，但是在他晚年的时候，这些哲学信条却像烟雾弹一样，挡住了他实际的设计方法。[44]

耶鲁大学英国艺术中心建筑方案的客户代表朱尔斯·布劳恩（Jules Prown），通过与路易斯·康的合作，发现"工作中的路易斯·康其实是'实际且直接'的，只有当他紧张并试图给别人留下印象的场合下才会采用比较'抽象且诗意'的用词"。[45] 戴维·S·特劳布（David S. Traub）是1965年研究生班的学生，曾在路易斯·康的公司上班。他也认同布劳恩的看法，在平时与客户和员工沟通的时候，路易斯·康还是十分"现实且实际的，绝对不会滔滔不绝地朗诵诗歌"。[46]

路易斯·康似乎有着两种完全不同的个性。科门登特曾说："人的公众形象不一定是其真实的样子。"[47] 路易斯·康诗意化的表达方式大多都保留在了他的学术生涯。换一个角度来看，斯库利提到路易斯·康所使用的那种类似"烟雾弹"的表达方式，其实是他刻意采用的一种说话方式，主要是为了更好地激发听众的思考。

在研究生班的教学工作中，因为慕名而来的学生都有过实际工作的经验，来这里学习是希望能从更深层次发掘建筑的本质，所以路易斯·康才会刻意选择那种表达方式，与平日他同客户或是员工沟通的方式截然不同。在学校里，他希望能够将精力完全投入到哲学层面来，以一个全新的角度来思考"建筑领域"的问题，所以在进行这方面内容表达的时候，路易斯·康才会发现日常语言是不足以完整表达其思想的。

路易斯·康不仅发现日常用语无法准确地表达这些理念细微的动人之处，同时他还意识到只有诗意的表达方式才能真正启发学生的思想，让学生从之前的思维桎梏中解脱出来。他也曾解释过，他有时会故意说一些晦涩难懂的话，尤其在阐释缄默与光明方面的概念时。因为在他看来，缄默与光明"理应具有一种神秘感，才会让你从更宏观的角度去理解这样的概念。正是因为不能立刻明白，才会引导学生去思考、去分析，透过本质看问题，探索事物的起源。"[48]

路易斯·康曾说过:"老师通常和其他行业的人有着截然不同的做事原则。教师需要探索原因,因为教师渴望将他的思想表达出来,所以老师需要选择能够想到的最合适的词语进行表达,以确保能准确地表达出自己的思想。"[49]如果从这个角度来看,那么路易斯·康的教学方法其实才是大学存在的最本质意义。在路易斯·康看来,学校并不是一个单纯交流信息的地方,他希望自己的学生能够从辩证的角度看到更深刻、更宏观的本质规律。正如他所说,老师的责任"是将还未曾表述的,未曾创造出来的事情展现在学生面前,这也是一个自我启发的过程"。[50]

正是在这种思想的影响下,路易斯·康才逐渐形成了自己特有的表达词汇,尽管他对语言的使用,很大程度上是受了若瑟夫·阿尔贝(Joseph Albers)的诗歌的影响。[51]比较了解路易斯·康的人都知道:"一开始很难接受这种表达方式,但是逐渐会越来越理解他的良苦用心,其实他所使用的那些词汇,仿佛是在一大堆巨型的原石中艰难地寻找最有价值的那块,然后进行剖光打磨,让它和宝石一样坚实,反复推敲直到完全合适之后才使用。"[52]"路易斯·康像专研建筑一样谨慎认真地选择这些词汇,然后通过反复思考才将它们组成一个词组或是一个方案。"[53]安妮·泰格曾说过:"把脑海中关于建筑的图形信息转变成文字信息,其实在最开始,他也不是很确定这种做法的有效性。他也曾在我身上实验过这种语言图像的表示方法。"[54]丹尼斯·斯科特·布朗(1964年秋季)也同意上述说法,他也曾努力去尝试理解路易斯·康的这种独有的表达方式。路易斯·康的学生们必须学会从路易斯·康的话语中分辨出哪些内容是一些并不成功且还没有成形的思想,哪些内容是有意义、有价值的,并且从这些内容中挖掘出真正的"黄金"信息。[55]

正因为路易斯·康的这种表达方式,导致大部分人很难接受他的这种教学方法,菲尔克雷特·耶古尔(Filkret Yegul,1966年)却有不同的看法,

认为路易斯·康所讲授的都是"最根本的真理",包含一种"简单的智慧":

  路易斯·康教给我们一些浅显易懂且实际可行的人生理念和处事原则。尽管我们当中的大部分人,包括路易斯·康在建筑行业中的追随者们(路易斯·康的"粉丝团",每次路易斯·康评图的时候都会出现),并没有理解这一点。在我们看来,路易斯·康在讲话过程中,特有的停顿、思考、措辞以及他那种富有磁性的嗓音,都恰到好处地增添了他所表达内容的深度和复杂性。而且他所表达的这种深度并非不可理解,多以人为本地来思考问题,充满了正能量。他有信仰,同时他更希望我们也能找到自己的信仰,并且能够理性地正视自己的信仰。路易斯·康早期接受的是学院派风格的教育,所以他的设计风格也比较传统,但是他却有着自己特有的人生哲学。他所提倡的其实是一种随意、大众且"慷慨"(用他自己的话来说)的生活方式……尽管作为他的"弟子"的我们,却在追求一些"晦涩难懂"的东西,并没有完全理解他的理念的内涵——我们一直在过度理解一些事情。[56]

  也有一些人认为,路易斯·康并没有必要在教学过程中使用这些令人费解的词语,而且这种做法会影响教学质量。如果他能够采用更明确的表达方式阐述自己的思想,尤其是那些只有他自己明白的想法,那么他的思想一定可以获得更广泛的传播。如果他能够找到其他方式来进行表达,那么他的思想完全可以具有更强的影响力。

  在接下来的章节中,我会进一步解释为何路易斯·康不直接地阐释自己的想法,而是选择以一种如此诗意化的方式来进行表达。基于路易斯·康去世后的存在主义心理学的研究成果,他在语言表述方面的困难可以理解为——为获得潜意识创造力而进行的挣扎。

4. 教学动机

路易斯·康的同事，同时也是宾大后来的校长，马丁·梅尔森（Martin Meyerson）曾就路易斯·康的教学动机表达过自己的看法，他认为路易斯·康本身就热爱教学工作，不论是在课堂上，还是在日常生活中，他对建筑的信仰始终如一。正是因为他对建筑行业的这份热情，导致世界各地的年轻人都渴望与他工作。路易斯·康很早便成为知名建筑师，因此很多人都想拜他为师，尤其是年轻人。我也曾亲眼见证过他在年轻人中的影响力。他的教学动机其实源自于爱的力量。[57]

路易斯·康在课堂上总是能做到全身心地投入。作为一名学生，丹尼斯·斯科特·布朗（1964年秋季）对此深有体会。"每当路易斯·康被学生团团围住的时候，他仿佛就进入了一种特有的状态。[58]路易斯·康不止一次谈到自己对研究生班的重视程度，同时这里也给予了他前进的动力。他曾说过：'每当我被学生簇拥着教授建筑课程的时候，都会倍感幸福，几乎忘乎所以。'[59]他还曾说过：'学校就是我灵魂的教堂，我的教学成就将变成回荡在这里的颂歌……教学的美妙之处在于可以把那些还未曾表述过的，未曾创造出来的事物传达给学生。[60]课堂教学工作总能重燃我的工作热情。我甚至认为我从学生身上学到的东西比我教授给他们的还要多。'"[61]

路易斯·康认为教育的目的应该是让学生能够更好地发挥自身的特长。"我认为老师应该因材施教……学生只有跟随自己的本性才能真正学有所成……而学校就应该是释放本性的地方。不应该随意评价，更没有必要进行对比。"[62]

路易斯·康在对自己的学生进行教育的过程中，正是采用了上述的态度。路易斯·康小的时候并不是一个优秀的学生，他发现自己并不擅长学习。相反,他发现自己擅长用绘画的方式来表达自己对于世界的看法。路易斯·康意识到:"善于发挥自己天赋的人更容易入门,一个不断接受填鸭式教学的人是永远不会开窍的。"[63] 正是因为他跟随了自己的天赋,并不受被动教学的束缚,所以当他走上讲台的时候,他成为一名非传统型的教师。他会要求他的每一个学生找到自己的天赋所在,因为在他看来,这才是最有效率的学习方式。路易斯·康也曾谈到过他的这种特殊的学习经历,以及他特有的这种教学方法是如何形成的:

事实证明,想要学习必须先了解自己。我的教学经验大多都是根据我的经历总结而成的。如今我作为老师的立场就是尽可能地释放学生的天性。

我从来不把教材当老师,我也从来不会要求学生必须读哪本书……因为这世界上根本就没有固定的书单。

我们教授给学生的应该是事物的本质……一定要清楚自己作为一个老师的立场。正因为我自己也是一个老师,所以我才会这么认为。

对于"老师到底是什么"这样的问题,并没有统一的答案。我们应该思考的是想做哪一种类型的老师。我的教学精髓就是从来不去思考如何去教学,因为老师并不是一个发号施令的指挥官。

教学以一种神奇的方式让其他人和自己逐渐产生一种共鸣。当我要走进学校开始教书的时候,我感到自己突然间变得十分富有,仿佛马上就要登上一艘海盗船,和其他人一同开始一段冒险一样。[64]

路易斯·康也曾承认,他之所以会从事教学事业是为了满足自己的需求,就像他的学生渴望向他求学一样。"事实上,我其实并不是在给别人传授建筑学,而是在进行自我教学。"[65] 路易斯·康的学生米迦勒·科布(1970年)也认同这种说法:"其实我们是通过他的自我教学来学习的……这是一种磨合的过程。"[66]

弗莱德·林恩·奥斯蒙（1962年）回忆说，路易斯·康曾引用过柯布西耶的一句话，"你们听到的是我的思想。"对于那些和奥斯蒙一样，喜欢不停地提问的学生，路易斯·康总是答道："年轻人，我不太喜欢被人不停地交叉问询。"奥斯蒙解释说："我们都逐渐明白了路易斯·康的意思……所以我们以为能做的就是接受并且享受这个过程。如今我终于明白了当初他为什么总是不喜欢被打断。因为他在那段有限的时间里，想要教给我们的东西实在太多了。"[67]

每当谈到路易斯·康的教学方法，他的同事莱斯总会说路易斯·康从来都不是一个"传统的、说教型的"老师。[68] 他从来不教授专业实践或是结构建造方面的信息知识，也很少谈到自己的设计作品。相反，路易斯·康通过课堂讨论的方式来探索以及检测他那些还没有成型的设计想法。当然也可能是他的大部分设计想法都处于一种萌芽的阶段，所以他并不喜欢学生们过于细致地进行盘问。

丹尼斯·斯科特·布朗（1964年秋季）也曾说过路易斯·康在工作室的时候大多都处在一种独角戏的状态，同时他本身习惯了在对话中占据主导的地位。她同时也注意到，路易斯·康其实十分喜欢学校的氛围：

在宾大上课的时候，路易斯·康每周都会来工作室两次，每次待一整个下午。工作室是他重要的感情支柱……肯尼迪总统遇害的那天我在学校看到了路易斯·康。那天并不是星期五，也不是他来工作室的日子，因为这里是他听到总统遇害的消息之后，唯一想去的地方。[69]

学生们都明白路易斯·康在教学的过程中喜欢一个人滔滔不绝地讲上很久，他总是大家关注的焦点，几乎没有人敢于向他发问。也许正是因此，路易斯·康才会把学生当作他那些没有成形的设计理念的听审会,利用课堂讨论的方式来试探大家的反应。路易斯·康自己也承认,"通过和这些单纯的年轻学生接触",他可以学到很多东西。"他们很真诚,因为他们不会被市场环境浸染,所以不会唯利是图。所以他们会反馈给我不带其他色彩,最真实的答案。"[70]

然而,在一些人看来,路易斯·康向学生学习的这种做法其实别有用心。斯科特·布朗曾说过,路易斯·康的一些设计想法,其实是来自于他的学生。比如在索尔克研究所项目中,其实是斯科特·布朗在班级讨论中提出把住宅的部分移到悬崖的边缘处。同时,也是斯科特提出"每一位建筑师都会在自己设计的建筑中营造一座小教堂",然而这句话后来却变成了路易斯·康的口头禅。斯科特认为,路易斯·康之所以会把这些别人的想法直接拿来用,是因为他经常会处于一种"创造性遗忘"的状态,虽然她也会称之为"思想剽窃,天赋打劫"。[71]

5. 研究生班的终结

路易斯·康的研究生教育工作一直持续了 14 年之久,最后是在一场突如其来的悲剧中收尾的。1974 年 3 月 17 号,路易斯·康突然离开了我们,那一天发生的离奇状况,很大程度上因他的儿子纳撒尼尔·康(Nathaniel Kahn)所拍摄的纪录片《我的建筑师》而变得著名。然而,对于那一年就读于宾大研究生班的同学来说,路易斯·康的突然离世,给他们未来的人生路上,留下了浓重的一笔。

那是在研究生课程第二学期进行到一半的时候,大多数学生刚开始适应路易斯·康这种特有的授课方式。工作室位于费舍尔艺术图书馆三层的后堂,每个周一和周三的下午,路易斯·康都会和莱斯、勒里科莱斯来给学生看图,有的时候科门登特也会一起过来。

路易斯·康的守时和守信是出了名的，而且很少缺席，所以当3月18号的那个周一，下午两点左右他还没有出现在工作室里的时候，大家都很惊讶，但是并没有人知道到底发生了什么。我们当时都以为他是在从印度回来的途中耽搁了，当时孟加拉国的首都达卡正在进行建设，所以他经常要到印度那边出差。然而紧接着的3月20号的课他仍没有出席，研究生班乃至整个研究生学院都意识到了问题的严重性。而路易斯·康自从离开印度，搭乘预定的班机回到纽约之后就失联了。

后来我们才知道，他在等待返回费城的火车期间，于纽约宾夕法尼亚站台的洗手间内突发心脏病而去世。纽约的警察称，路易斯·康当时随身携带的身份证件只包括他的办公地址，然而出于某些原因，当地的警察局并没有立刻上报他的死讯。收到消息的我们不仅十分震惊，也十分难过。这样一个伟大的人，却这么平凡地，甚至可以说是悲惨地离开了这个世界。因为路易斯·康的身体状况一向很好，所以他的突然离世让人一时之间难以接受。

3月22号举办了他的葬礼，班里的大多数人都出席了，当晚我们一起为他举办了一场小型的追悼会，悼念他伟大传奇的一生。我们朝着工作室天花板的制高点处点亮了大约25盏绘图灯，于是整个工作室笼罩在柔和的灯光下，然后大家从学校足球场的周边采摘了很多黄色的金钟花，摆放在绘图桌上。一个学生在工作室的阳台处用木管乐器演奏着文艺复兴风格的乐曲，曲声回荡在整个房间中。应届以及往届的研究生班学生、宾大的老师以及他办公室的同事，包括文森特·斯库利和耶鲁大学的一些人，都赶来宾大出席了这次葬礼，大家一起喝着红酒，吃着干酪回忆着他的点点滴滴。

路易斯·康离世后不久，有关他身体状况以及他生前最后那几天的相关信息逐渐浮出了水面。在他去印度之前，他的妻子艾斯特（Esther）和女儿苏·安（Sue Ann）发现他出现了慢性消化不良和疲劳的症状。在去达卡的途中，他和他之前在耶鲁的学生斯坦利·泰格曼（Stanley Tigerman）相约在希斯罗机场碰面。泰格曼发现路易斯·康出现了"明显的不适症状"，同时表现得十分疲惫和抑郁。而且几年之前，路易斯·康就因为心脏问题咨询过一位医生。[72] 他的公司当时也出现了一些资金问题。科门登特也注意到，自从金贝尔美术馆建成后，路易斯·康连续失去了巴尔的摩内港和堪萨斯市的高层办公楼项目，自那之后他就"很伤心同时变得比较抑郁"。"在他去印度之前，我们还在学校碰过一次面，我感觉那时的他状态十分不好，完全没有往日的神采，我当时认为他需要一些时间来调整自己，等他再次遇见一些新的激动人心的项目就好了。"[73]

直到路易斯·康去世，研究生班的我们完全不知道他所面对的这些问题。回顾他从事教育事业的这些年，将他早期和晚期的教学工作进行对比，会发现他的教育能量和热情在他生命的后期确实有所减弱，这主要和他每况愈下的身体状况，以及公司里财务和人事方面的问题有关。在1973—1974年间，有关他和学生之间互动的相关记载，和20世纪60年代相比，明显有所下降。路易斯·康再没有在班级的聚会上演奏钢琴，也再没有给过学生自己手绘的草图。在工作室里，他不屑于回答那些让他感觉不舒服的问题。在1974年的某个下午，他坐在工作室的会议桌旁和大家一起谈论，一个学生想在毕业之后从事教育工作，于是向他请教教学和实践工作的结合方法。路易斯·康答道："你怎么想？"正在这个学生犹豫着不知如何作答的时候，路易斯·康直接结束了这个问题，开始探讨新的话题。

在路易斯·康生命的最后几年，他越来越喜欢进行那些"毫无主题的长篇大论"[74]，他表达的那些想法也越发地晦涩难懂。即便如此，在他去世前的几个月里，他和学生之间还是发生了许多有趣且令人难忘的事情。谢尔曼·阿龙森（1974年）曾回忆，在一次讨论中，谈到了建筑屋顶的本质，路易斯·康说道："屋顶并不应该过于复杂，屋顶从天而降，轻轻地落在建筑的顶部。"他边说边做着手势，"啊……"[75]

路易斯·康去世之后，距离学期结束还有六周的时间，但是很明显研究生班已经失去了原本的核心。一开始我们尝试进行自学，但是并没有成功，学校允许我们邀请其他一些著名的建筑师来辅导我们的毕业设计，题目是费城北部的重建。同时，路易斯·康的好友兼同事乔纳斯·萨尔克（Jonas Salk）同意接替路易斯·康的工作，每周找一个下午来班里看图。尽管大家对萨尔克的印象很好，但是大部分人都认为，正因为有了路易斯·康，才有了今天的研究生班的成就，所以路易斯·康仍是无法被取代的。

路易斯·康去世之后，勒里科莱斯首先获得了保罗·克雷特（Paul Cret）担任过的系主任一职，最后又给了阿尔多·凡·艾克。[76] 如今，美术专业研究生学院重组为设计学院或成为"宾大设计"，并且保留了一年制的建筑学硕士课程，但是无法和路易斯·康当年在宾大教学的辉煌岁月相提并论：

像路易斯·康这样的"大师级"的人物……他的出现为建筑学院带来最辉煌的一段岁月，这也导致宾大很难在未来的发展中超越当时的成就。所以当他离开后，宾大便逐渐沉寂了。[77]

本节参考文献

1 Tony Junker, letter to the author, November 11, 2011.
2 Dennis L. Johnson, letter to the author, September 26, 2011.
3 J. Michael Cobb, "Thoughts on Louis I. Kahn," unpublished essay, 2011.
4 John Tyler Sidener Jr., "Me and Lou," unpublished essay, 2011.
5 Wilder Green as quoted in Carter Wiseman, Louis I. Kahn: Beyond Time and Style (New York: W. W. Norton & Co., 2007), p. 57.
6 Duncan Buell, as quoted in Wiseman, p. 57.
7 Charles E. Dagit Jr., letter to the author, February 15, 2014.
8 Cobb.
9 Unnamed student, letter to Esther Kahn as quoted in Richard Saul Wurman, What Will Be Has Always Been: The Words of Louis I. Kahn (New York: Access Press and Rizzoli International Publications, 1986), p. 281.
10 Fred Linn Osmon, letter to the author, September 23, 2011.
11 Miguel Angel Guisasola, "Architectural Principles and Memoirs," unpublished manuscript, 2011.
12 Denise Scott Brown, "Between Three Stools," as quoted in Ann L. Strong and George E. Thomas, The Book of the School: 100 Years, The Graduate School of Fine Arts of the University of Pennsylvania (Philadelphia, PA: University of Pennsylvania, 1990), p. 154.
13 Denise Scott Brown, interview with author, May 9, 2012.
14 Michael Bednar, "Kahn's Classroom," Modulus, 11th issue, 1974, University of Virginia School of Architecture.
15 David C. Ekroth, letter to the author, October 17, 2011.
16 Karl G. Smith II, "Louis I. Kahn, Stories of My Year in his Master's Studio, 1971-1972," unpublished essay, 2011.
17 Brian Dudson, letter to the author, August 1, 2011.
18 Cengiz Yetken, unpublished manuscript, 1966, provided to the author.
19 David De Long, interview with author, May 11, 2012.
20 Bednar.
21 Jamine Mehta, as quoted in Wurman, p. 293.
22 Sidener.
23 John Raymond (Ray) Griffin, "Recollections on Louis Kahn," unpublished manuscript provided to the author, 2012.
24 Gavin Ross, letter to the author, October 11, 2011.
25 Cobb.
26 Junker.
27 Griffin.
28 Junker.

29 Scott Brown, interview.
30 Glen Milne, letter to the author, September 7, 2011.
31 Anthony E. Tzamtzis, letter to the author, November 16, 2011.
32 Ross.
33 Fikret Yegul, "Louis Kahn's Master's Class," unpublished essay.
34 Scott Brown, interview.
35 Ibid.
36 Kahn, as quoted in August Komendant, 18 Years with Architect Louis I. Kahn (Englewood, NJ: Aloray, 1975), p. 190.
37 Dennis L. Johnson, "Early Years, the Making of an Architect," unpublished essay provided to the author, 2010.
38 Ibid.
39 Peter Shepheard, as quoted in Wurman, p. 304.
40 David B. Brownlee and David G. De Long, Louis I. Kahn: In the Realm of Architecture (New York: Rizzoli International Publications, 1991), p. 16.
41 Sherman Aronson, interview with author, May 10, 2012,
42 Robert Venturi, as quoted by Denise Scott Brown, interview with author, May 9, 2012.
43 Kahn, letter to the AIA Jury of Fellows, December 29, 1961.
44 Brownlee and De Long, p. 127.
45 Ibid.
46 David S. Traub, interview with author, May 31, 2012.
47 Komendant, p. 164.
48 Kahn, as quoted in Wurman, p. 150.
49 Kahn, as quoted in Robert Twombly, ed., Louis Kahn: Essential Texts (W.W. Norton & Co., New York, 203), p. 234.
50 David E. Leatherbarrow, "Beginning Again: The Task of Design Research," Ensinar Pelo Projeto, Joelho: revista de culture aarquitectónica (no. 04, April 2013), pp. 194-204; Portuguese and Spanish translations in Summa+ (no. 134, February 2104), pp. 88-93.
51 Brownlee and De Long, p. 46.
52 John Lobell, Between Silence and Light: Spirit in the Architecture of Louis I. Kahn (Shambhala, Boston, MA, 1979), p. 4.
53 Brownlee and De Long, p. 129.
54 Anne Griswold Tyng, as quoted in Wurman, p. 301.
55 Scott Brown, interview.
56 Yegul.
57 Martin Meyerson, as quoted in Wurman, p. 305.
58 Scott Brown, interview.

59 Kahn, as quoted in Komendant, p. 190.
60 Kahn, as quoted in Wurman, p. 304.
61 Kahn, as quoted in Brownlee and De Long, p. 62.
62 Kahn, as quoted in Wurman, p.153.
63 Ibid., p. 68.
64 Ibid., pp. 226-227.
65 Louis I. Kahn: Conversations with Students, (Houston, TX: Architecture at Rice, no. 26, 1969), p. 30.
66 Cobb.
67 Osmon, "An Interlude - The Louis I. Kahn Studio," unpublished essay, 2014.
68 Norman Rice, as quoted in Wurman, p. 294.
69 Scott Brown, "A Worm's Eye View," Having Words (London: Architectural Association, 2009), p. 106.
70 Kahn, as quoted in Wurman, p. 123.
71 Scott Brown, interview.
72 Brownlee and De Long, pp. 140-141.
73 Komendant, p. 192.
74 Brownlee and De Long, p. 127.
75 Kahn, as quoted by Aronson.
76 Strong and Thomas, p. 254.
77 Joan Ockman, ed., with Rebecca Williamson, research ed., Architecture School: Three Centuries of Educating Architects in North America, (Washington, DC: Association of Collegiate Schools of Architecture, 2012), p. 30.

六、路易斯·康和创作心理学

如上文所说,路易斯·康有着自己特有的建筑哲学,所以他经常需要面对如何实现那些理想形式的问题,"追随建筑自身的意志"。所以在他看来,设计其实是一个将形式实体化的过程,将不可度量的概念变成真实世界中可以度量的实体。他经常通过"缄默"与"光明"来表达创造力的神奇之处。他教育他的学生,在形式实体化的过程中,建筑师需要抛开一些先入为主,才能找到通往缄默的路,[1]因为这才是创造力的来源。"欲望之本,才会想去表达",对于路易斯·康来说,这也是他最重要的设计力量。"缄默,并非指绝对安静,"路易斯·康说道,"而是欲望,从而得以表达。一些人可以说那是环境声——如果继续追溯,你会看到光明与缄默交织在一起。"[2]在缄默之中,你会看到永恒之所在,最初的想法与能量碰撞出来的火花,从而激发创作性的行为。

当所需的形式出现后,需要将其从非物质化的缄默转变为物质化的存在,也就是路易斯·康所谓的光明,因为光是反映建筑本质最好的证明,"万物的赠予者"。创作行为也是一种艺术行为,并非可预测的流水线生产作业。所有源自缄默的设计理念都要经过多次的转折变化才能以草图的形式,通过光表达出来,我们将其称之为"形式概念图",然后还需要进行批判性的测试。如果图纸不能很好地表达最初的设计理念,就需要重新回归缄默,寻找新的灵感。因为涉及包含一系列反反复复的变化,建筑师要往返于缄默与光明之间。

"光明到缄默,缄默到光明,就像是一个临界点,通过多次往返得以实现设计,所感知到的结果,就称之为灵感。"路易斯·康曾这样解释。[3]他经常会提到缄默与光明之间的这种临界点,存在于欲望与现实世界之间,就像是"看不见的宝库"。而设计就产生于这种伸手不见五指的宝库中,当理想的形式出现之后,我们还需要使其适应于现实世界的限制条件。对路易斯·康来说,检验设计是否成功的标准,便是最终完成的作品是否能反映出最初的形式。正如他所说,"在我看来,伟大的建筑作品始于不可度量的概念,然后通过设计,在可以度量的现实世界中接受检验,但是最终必须回归到不可度量的理念中去。"4

对路易斯·康而言,这才是创造设计的过程,他也曾通过图纸表达过这一理念:

我最开始画的,一般都是概念图,表达想法,呈现最初的缄默和与之对立的光明。然后我会在缄默与光明、光明与缄默之间进行反复的思考。每一次穿越缄默与光明的临界点,都是对设计理念的一次升华……而当想法变得逐渐

"缄默到光明,光明到缄默。"路易斯·康绘制(路易斯·康收藏,宾夕法尼亚大学及宾夕法尼亚历史博物馆)

具体的时候,灵感自然就出现了……我都是从左到右进行概念图纸的绘制,但是在写的时候却采用镜像书写的方式……[5]

柏拉图式的哲学概念和路易斯·康对于创作行为的理解存在着一定的相关性。柏拉图将精神与物质世界彻底地划分开来看待。而将这两个领域连接在一起的就是罗格斯(Logos)。正是罗格斯关于精神与物质世界之间联系的概念启发了路易斯·康,让他将缄默与光明之间的临界点称之为看不见的宝库。

路易斯·康对于缄默与光明的概念,类似于老子对"道"以及"无名"与"有名"关系的阐述:

道,可道也,非恒道也;名,可名也,非恒名也。
无名,万物之始也;有名,万物之母也。
故常垣(恒)无欲也,以观其妙;恒有欲也,以观其所徼。[6]

建筑师所经历的这种创作过程和其他行业的艺术家有很多相似之处。比如作家在开始写一本书的时候也要寻找灵感,然后才会有创作的欲望,从而才能写出具有普适性的作品。而与其直接相关的这部分,路易斯·康将其称之为缄默,缄默指引着他找到合理的结构、图片、修辞手法以及情绪:

人的创作不是被任何形式的利益所激发的,而是被奉献精神激发的,比如写一本书,作者一定希望能够发表出来供世人阅读。他一定是感知到了什么,不管深埋在缄默之处还是已经到了灵感的门口。[7]

诗人约翰·济慈(John Keats)也曾描述过类似的经历,并且认为这种探索需要一种"消极的感受力",一种"处于混沌的思想状态,神秘的同时还有一些疑虑,非理性思维,完全没有事实或是逻辑依据"。[8] 诗人正是经历了这样的挣扎,最终才能创作出可以让世人传唱的诗歌。也就是诗歌的实体化,可以让人们通过阅读来理解。所以诗歌其实是从缄默(Silence)中生长出来,然后穿过了看不见的宝库,最后才得以重见光明。但是这并没有结束,如果这首诗创作得成功,那么读者可以感受到诗歌最初想表达的思想,于是又会再次轮回到缄默之中。一位中国诗人曾描述过类似的创作过程:"作为诗人的我们,其实是把非存在的思想进行强制实体化。我们会将无声的缄默变成乐曲般的回响。"[9]

正如我们之前所说,路易斯·康对于形式和创造力的理解并非原创。路易斯·康曾和他的学生提到过,米开朗基罗也是追随新柏拉图主义的思想,认为艺术作品的背后其实是思想实体化的过程,而艺术家的技艺就是实体化这种思想的工具。米开朗基罗的"将雕塑从束缚着它们的大理石中解放出来"和路易斯·康的"从缄默到光明之旅"有异曲同工之处。H·W·詹森(H.W Janson)曾以米开朗基罗未完成的圣马修雕像为例,描述过他对于既有现实的揭示过程:

在我看来,米开朗基罗在开始创作雕塑的时候,都会直接用采石场的方形石块先从大体上把握雕塑的形状……他眼中最开始的形象应该和子宫中还未出生的婴儿一样模糊,但是他一定可以透过大理石看到"生命的迹象"——就像婴儿的膝盖或是手肘抵住母亲的肚皮渴望出生一样。[10]

雕塑家奥古斯特·罗丹(Auguste Rodin)提倡艺术家去探索这个世界肤浅表层下的深层含义,从而揭示现实的真相:

如果艺术家只注重表面形式的表达，那么他的作品和照片有何区别，如果单纯复制面部的线条而没有很好地描述出内在的性格，那么他的作品就经不起推敲。艺术家设计的作品应该能够反映出事物的灵魂；只有这样的作品才称得上是艺术；这也正是雕塑家或是画家应该做的，透过现象看到本质。[11]

对路易斯·康来说，缄默是形式实体化的前提，只有通过了看不见的宝库才能走向光明，才能开始设计。对米开朗基罗而言，蕴藏在石材内部的形式应该在动手雕塑之前，就已经出现在眼前。对罗丹来说，在开始具体工作之前，必须瞥见表象后事物的本质。

路易斯·康、米开朗基罗以及罗丹的创作过程总是充满了神秘感，"他们都采用了一种陌生且具有一定风险性的创作手法，创作者在真正完成作品之前，甚至都不知道自己到底在做什么……就像是捉迷藏的游戏一样，在找到对方之前，找的人永远不知道自己找的是谁。"[12]

作为一位老师，尽管路易斯·康的学生记载了很多关于他对于形式实体化的观点，但是他对于创造过程的描述还是有些神秘且难以理解。他从来没有解释过他是如何进入那种缄默的状态，或是如何具体实现那些设计形式的。他除了建议学生，在设计初期进行快速草图表达之外，几乎完全没有谈到过自己的创作方法。面对路易斯·康设计中那些难以捉摸的形式，如何才能找寻到其背后的来源？缄默与不可度量的创造本质又是什么？在我看来，要想找到这些问题的答案，只能从存在主义心理学理论入手。

通过对路易斯·康的创作理念，即他的创作性心理学进行综合分析，从而找到更利于教师、学生以及建筑工作者理解的方式来阐释他的创作方法，从而探索出通往创造力的新方向。

1. 创作性心理学

只有通过追溯历史，结合当代心理学的一些先锋理念，才能揭开这种神秘且难以描述的创作过程的面纱。柏拉图曾分析过这种潜意识的精神状态，并且认为人类的大部分知识都蕴藏在这种精神状态。19 世纪弗里德里希·尼采和亚瑟·叔本华都曾描写过这种潜意识的且非理性的思维状态对人类行为的影响。然而，直到弗洛伊德以及后来的荣格等一系列哲学家的出现，学界才开始系统地研究和潜意识相关的理论。[13]

1926 年的时候，心理学家格雷厄姆·沃拉斯（Graham Wallas）正是将创作过程分为了四个阶段：①准备阶段，主要是对问题的研究分析；②孕育阶段，开始进入潜意识创作阶段，并没有形成能够解决问题的具体方法；③启示阶段，从潜意识中迸发出"好点子"或是设计过程有了实质性的突破；④验证阶段，开始检验前一阶段想法的有效性。[14]

路易斯·康去世之后，心理学家们仍旧持续进行着相关方面的研究，并且对创作活动有了更深刻的理解。许多研究成果进一步验证了他的理论的有效性，并且开始提倡在建筑研究和实践工作中进行应用。

心理学家罗洛·梅（Rollo May）的著作《创造的勇气》（*The Courage to Create*），专门针对这种神秘的创作过程展开了研究，其中梅特意强调了"主观意识背后的深度思考，所带来的思想的突破"。[15]梅在思考："为什么科学和艺术领域中的原创思想，往往都'迸发'于某种潜意识的时刻？"[16]如果想找到这一问题的答案，梅就需要像路易斯·康所提倡的那样，进行对事物本质的探索。和路易斯·康一样，梅很快意识到他的研究存在很多不足，而且神秘性正是创作的固有属性。然而，通过对创造力和潜意识之间关系的分析，人们逐渐找到一些新的且具有实践性的方法，来帮助建筑师进一步了解"缄默"，从而挖掘他们所设计的建筑的本质。

路易斯·康的"缄默"和荣格的"集体潜意识"有一定的相似性，一种人类固有的对于基本理念和图像之间联系的认知，通常被称为"原型理论"。路易斯·康曾教导学生设计时需聆听"建筑自身的声音"，其中这里就蕴含了一种普世性的原型理念，这种共识性的理念称之为"人类共识"，一种集体性的潜意识。

梅将这种潜意识定义为"无法以个人意识左右的潜在性意识或行为"。[17]这种潜意识通常是隐性的，无法感知，就像藏在水面下那9/10的冰山，是一个虚拟的梦幻世界，没有实体且稍纵即逝，但是有时，却可以强烈地感受到它的存在，无法用理性的逻辑来进行分析。正如路易斯·康所说，"梦想既不可言喻，也无法丈量。"[18]既然形式为建筑提供了基础，雕塑家的工作是将雕塑从石块中解放出来，诗人是在表达他或她内心深处的情感，那么我们就有必要开启一扇能够了解潜意识真面目的窗。

梅认为，创作其实主要是一个获取非常态资源的过程，将潜意识提升至可感知的范围内，从而进行表达。包豪斯的创始人，建筑师格罗皮乌斯先生，也曾意识到潜意识对于创新思维的重要性，建议设计教师应该鼓励学生去"相信自己潜意识的反应，并且学会重拾自己儿时那种不带偏见的感知力去看待问题"。[19]

在我看来，这种从无意识到有意识的创作经历，就是路易斯·康所说的从"缄默到光明"的过程，他将这种强有力的启示过程称之为"认知"。这种经历通常迸发于一瞬间，带给人全新的突破，瞬间解决了一直让人困扰的难题（也有人将这一现象称之为"灵光效应"或是"灵光乍现"）。有时，人们甚至会在梦中或是一种彻底放松的状态里得到灵感。

很多富有创造力的人都对这种经历进行过相关的记载。比如我们经常提到的，科学家詹姆斯·沃森（James Watson）经过长期奋斗才发现DNA分子结构的故事。经过漫长的研究过程，有天晚上詹姆斯梦见了两条交缠在一起的蛇，这给了他启示，才让他随后发现了具有突破性的双螺旋结构。路易斯·康也曾将建筑中的形式比作一种"梦想启发"[20],并且跟我们描述过他在设计孟加拉国首都时所经历的重重困难,"第三天晚上我从床上掉下来,然后就有了一个想法,这个想法目前发展成了这个方案最主要的设计理念。"[21]

数学家兼科学哲学家朱尔斯·亨利·庞加莱(Jules Henri Poincaré)先生,曾在1913年的时候详细地描述过几次类似的进展,这一类经历都有着类似的某种特征:

①灵感的突发性;②这种灵感可能会,或是说在某方面一定会和前期某种既定的思维方式相矛盾;③整个过程以及相关情节的真实性;④灵感的简洁和清晰性,以及所感受到的即时的确定性;⑤在得到这种突破性的进展之前,需要经历长时间的刻苦钻研;⑥必要的放松,才能让"潜意识的作业"有形成的空间,从而带来重要的突破;⑦交替工作以及适度放松的重要性,因为灵感往往出现在上述每两种进展之间的时刻,或者发生在工作间断的时候。[22]

对于艺术家和建筑师而言,庞加莱的观察中最重要的发现就是潜意识灵感的出现需要艰辛的前期工作作为铺垫,通常需要经历好几天那种看上去毫无进展的努力工作期。在现实中,往往只有到达这种潜意识阶段,才能开始真正地着手解决问题。路易斯·康十分清楚庞加莱的这一发现,并且也曾在课堂上不止一次地提到他的这些观点,并且强调说:"当你中间休息的时候,你的大脑其实仍在运转。"[23]

同样值得注意的就是劳逸结合的重要性。梅指出,大部分人很难从长时间进行感官刺激的世界中脱离出来,从而无法"建设性地发挥独处的作用"。缺乏独处时间,会"严重阻碍来自潜意识的灵感"进入清醒的大脑意识中。[24]

最后,庞加莱给出了令人意想不到的结论,某一突破性进展的出现和美学有一定的相关性，是一种"优雅"的体现。也就是说，它有一种具体的形式，"让不完整的格式塔概念变完整"：

> 最有效的组合方式（来自于潜意识的）通常也有着最高的艺术造诣……潜意识中盲目地形成的那些经典的数字组合方式，既不受利益的驱使，也不受功能的限制。但也正因如此，这些组合也并不影响艺术的敏感度。我们的意识永远解释不清楚它们的由来；只有那些固定的组合才能给人以和谐的感觉，因此，材质是实用且美观的。[25]

梅还曾回忆了一次自己在从事一项研究工作的时候，亲身体验到创新性突破的感受：

> 突然就出现了一个想法，新的形式毫无预兆地闪现在眼前，让我在有意识阶段一直苦苦研究的不完整的格式塔概念变得完整。人们往往能准确地描述出那种还不完整的格式塔概念，一种未完成的布局，一种未形成的模式，而真正能够回应这种"召唤"的就是我们的潜意识。[26]

（备注：梅曾描述过如何表达一种"新形式"，而路易斯·康也曾在阐释"缄默"时期所产生的理论的时候，使用了同样的话。）

这种突破性的经历往往具有一定的冲击性，所以需要接收人进入一种聚精会神的状态。这种经历是一种精神层面的感受，仿佛揭示了一种普适性哲学，仿佛开启了通往终极现实世界的窗户。梅曾指出："这也就是为什么许多艺术家在进行创作的时候经常会感知到某种神圣力量的存在，仿佛整个创作过程如有神助。"[27] 画家卡洛·卡拉（Carlo Carra）就曾在自己工作的时候感知到这种神圣力量的存在：

我十分清楚的是，我也只是在极少数的情况下才会有幸沉迷于创作过程中。在这种情况下，画家或是诗人会感受到来自未知世界的永恒真理，从而看到真正的客观事实……那一刻我几乎相信我的双手触碰到了神。[28]

路易斯·康在阐释建筑设计中形式的领悟方面，也提到了十分相似的情感冲击、美学的重要性、这种经历的普遍性以及神圣性。路易斯·康曾说："这种领悟并不是指具体的形状或是尺度，而是一种更深层次的大彻大悟，通过对秩序、梦想以及信仰的感知，从而形成从我到你的升华过程。"[29]

尽管路易斯·康知道庞加莱对于休息和创作需要交替进行的说法，并且在某种程度上也赞同荣格的原型理论以及集体潜意识理论[30]，但是他却从来没有将这些理论，或是其他心理学家关于形式探索的理念同他自己的"缄默与光明"概念联系在一起（罗洛·梅有关沃拉斯、庞加莱、荣格（Jung）以及其他心理专业的研究成果发表于路易斯·康离世之后）。

尽管路易斯·康在设计孟加拉国首都的时候，也曾有过这种创造性突破的经历，但是他似乎只是稍微意识到这种精神机制的存在。这也至少从一定程度上说明，为什么他在劝勉学生用毕生精力去探索建筑中的"不可度量"领域的时候，往往会使用一些模糊的、诗意的词语进行表达。因为在大多数情况下，路易斯·康是凭借"感知"而不是有意识的"理解"来进行设计，而这种进入潜意识的状态正是创造力的源泉。

尽管路易斯·康并没有用心理学术语来表达他的想法，但是他的学生还是理解路易斯·康的意图，并且从新的角度来思考解锁潜意识能力的方式：

我的灵感有助于我们对已知的结论和方法进行整理。对某种未知性质的感知，以及相关形态的出现有利于对事物形成一种全新的观点……万物皆来源于诗性，最终皆归回于艺术。[31]

通过对这些理念的了解，便可知路易斯·康所使用的那些"难以捉摸的用词"以及诗意而非直接的表达方式，其实并不是出于他缺乏安全感的性格，这种说法是路易斯·康的反对者对路易斯·康的一种诋毁。相反，路易斯·康这种特有的表达方式，是源于他个人对于潜意识的追求——路易斯·康感受到了创造力的来源，但是这种来源本身具有一定的不可理解性。这种感悟形式，本身就难以言表，路易斯·康的学生又无法完全理解其中的精髓，所以在研究生班的教学工作中，只能通过研讨的形式来进行教授。

路易斯·康对于塔木德传统方法的应用也验证了梅的"创造力是一种偶然行为"理论。[32] 梅认为符号和比喻手法，以及神话传说都是在"表达有意识和无意识之间的关系，个人存在与人类历史之间的关系"。"那些象征性的符号或是神话故事都是这种偶然行为最直接的表达形式……我们往往会被这些内容所吸引，因为我们有这种需要，因为我们能从中感受到意识的升华。"[33]

梅认同路易斯·康对于符号和传说作用的肯定，认为这种表达方式和禅宗心印有着同样的效果，坚信模糊或是自相矛盾的方式比直接阐释更有助于表达真理的含义。"诗词歌赋以及图片影像中的一些古老元素，往往具有一种神奇的力量让人为之动容，这其中存在着某种共性——那就是，它们都是一种符号——并且处于普适性的理解层面。"[34]

2. 批判式思维和直觉

存在主义心理学认为最深层次的领悟都源于人类的潜意识。路易斯·康也曾强调，对于建筑而言，光有想象力和直觉是绝对不够的，同时还需要以批判式的思维方式进行不断的推敲和思考，才能在潜意识中形成可被感知的灵感（沃拉斯将其称为创造力思维的第四阶段，是有效性想法）。路易斯·康所指的并不是数据收集或是分析，并不是人类"左脑"负责的那些理性思维。路易斯·康认为，进行感性思维的"右脑"才能够将"普通的信息转变成某种创新理念,仿佛是一种对原始材料的高级加工过程"。[35]

因此,路易斯·康强调直觉性思考和直觉性草图直接的关系。草图对于路易斯·康来说,是一种批判性的思考方式。一些院校主张左脑式思维过程,不再重视草图表达,导致许多建筑师以及建筑专业的学生过度依赖电脑制图。梅也表达过对于过度依赖科技的担忧,认为这种做法会有碍于创造力的发展:

当今人们的这种做法,是出于对自身以及其他人内心深处非理性元素的恐惧,所以才会诉诸外界工具和机械将自己与潜意识世界进行隔离……这种做法存在一定的危险,那就是我们的技术将会在人类与自然之间建立起一个缓冲区,将我们与深层次的体验分隔开。工具和技术本应是我们思想的外延,但是也会成为思想的束缚。[36]

最近关于人类大脑的研究已证明了图纸和创造力之间的关系。在《像艺术家一样思考》(Drawing on the Right Side of the Brain)一书中,贝蒂·艾德华(Betty Edwards)描述了一种启发大脑直觉性思维和创作的教学方法,其中也包含了潜意识方面的内容。其中,贝蒂提到的"R-模式"和梅所说的潜意识激发具有很强的自发性十分类似。那是一种非常享受的状态,"仿佛时间都静止了"对视觉图形的敏感程度获得了极大的增强,全神贯注并且全身心地投入到正在进行的工作中,可以明确地感受自身和所研究的对象"融为一体"。[37]正如艺术家兼诗人的爱德华·希尔(Edward Hill)所说:"头脑彻底清空后,被注入了一种强大的精神力量,将意识扩展到传统思维方式无法到达的一种境界。"[38]

大部分建筑师和艺术家都意识到,这种直觉性的创作方式并非绝对完美。当一个完美且不可度量的概念出现的时候,往往很难将其完美地转化成一幢实体的建筑，一幅画或是一件雕塑作品，这一结果会导致创作者陷入一种焦虑以及自我怀疑，甚至是痛苦的情绪中。画家阿尔贝托·贾科梅蒂（Alberto Giacometti）就曾数次因无法彻底重现灵感，而陷入巨大的痛苦之中。对他而言，这种煎熬仿佛是真实存在的，是有生命的。尽管如此，"他却一直承受着这种痛苦。而事实上，他从未放弃过，有时这种煎熬对他来说，仿佛就是西绪福斯的惩罚。"[39]

每当全身心地进行创作的时候，路易斯·康也时常要经历西绪福斯的这种痛苦。路易斯·康先是尝试去领悟该建筑本质的、不可度量的形态，然后通过设计将想法变成具体现实世界中可以度量的建筑实体。所以路易斯·康深知这其中的痛苦。路易斯·康曾承认："当我画出第一笔的时候，脑海中的灵感就开始变少了。"[40] 他希望自己的学生也能做到这一点。他希望学生们能够学会相信自己的直觉，然后通过西绪福斯式的批判性地检验过程，来实现自己的直觉。

3. 创造性突破

沃拉斯、庞加莱以及梅都曾描述过对于创造性突破的理解，而且许多其他的艺术家，也都曾亲身体验过路易斯·康所说的从"缄默到光明"的直觉创作之旅。通过对创作心理学的分析，我们清楚地意识到，一边努力钻研，一边"期待"解决方案的出现，是获得突破性进展的前提。我们应该避免懒惰和消极情绪的出现……积极倾听，心有所念，必有回响，随时保持一种警觉的状态，灵感往往就在一念之间。这就像是孕育生命的过程，要遵循他自己特有的时间规律。艺术家更应该学会把握灵感出现的时机，并且尊重这些敏感的阶段，因为这正是创造力和创作过程的神秘之处。[41]

本节参考文献

1. The term "Silence" was employed by Andre Malraux. David B. Brownlee and David G. De Long, Louis I. Kahn: In the Realm of Architecture (New York: Rizzoli International Publications, 1991), p. 129.
2. Kahn, as quoted in Richard Saul Wurman, What Will Be Has Always Been: The Words of Louis J. Kahn (New York: Access Press and Rizzoli International Publications, 1986), p. 55.
3. Ibid., p. 55.
4. Ibid., p. 262.
5. Ibid., p. 150.
6. John Lobell, Between Silence and Light (Boston, MA: Shambhala Publications, 1979), p. 64.
7. Kahn, as quoted in Wurman, p. 57.
8. John Keats, as quoted in Betty Edwards, Drawing on the Right Side of the Brain (New York: Jeremy P. Tarcher/Putnam, 1989) p. 102.
9. Rollo May, The Courage to Create (New York: Bantam Books, 1976), p. 89.
10. H.W. Janson, History of Art (Englewood Cliffs, NJ: Prentice-Hall and New York: Harry N. Abrams, 1966), p. 10.
11. Auguste Rodin, as quoted in Jeff Hilson, "Auguste Rodin: Premier Sculptor," (Counter-Currents Publishing, www.counter-currents.com/2010/09/auguste-rodin/).
12. Janson, p. 11.
13. Eric R. Kandel, The Age of Insight (New York: Random House, 2012), pp. 14-15.
14. Graham Wallas, The Art of Thought (New York: Harcourt Brace, 1926) p. 70.
15. May, p. 57.
16. Ibid., p. vii.
17. Ibid., p. 58.
18. Kahn, as quoted in Louis Kahn: Essential Texts, ed. Robert Twombly (New York: W.W. Norton & Co., 2003), p. 63.
19. Walter Gropius, Scope of Total Architecture (New York: Collier Books, 1955), p. 33.
20. Vincent Scully, Louis I. Kahn (New York: George Braziller, 1962), p. 32.
21. Kahn, as quoted in "Remarks," Perspecta, vol. 9/10 (1965), p. 306.
22. May, p. 71.
23. John Raymond (Ray) Griffin, class notes, February 3,1964.
24. May, p. 72.
25. Ibid., pp. 73-74.
26. Ibid., p. 66.
27. Ibid., p. 75.
28. Carlo Carra, as quoted in Edwards, p. 57.
29. Kahn, as quoted in Twombly, p. 155.

30 Joseph Burton, "Notes from Volume Zero: Louis Kahn and the Language of God," Perspecta 20 (1983), p. 85.
31 Kahn, as quoted in August Komendant, 18 Years with Architect Louis I. Kahn (Englewood, NJ: Aloray, 1975), p. 163.
32 May, p. 87.
33 Ibid., p. 99.
34 Ibid., p. 103.
35 Edwards, p. 26.
36 May, p. 76.
37 Edwards, pp. 78-79.
38 Edward Hill, as quoted in Edwards, p. 58.
39 May, p. 95.
40 Kahn, as quoted in Twombly, p. 62.
41 May, p. 92.

七、路易斯·康眼中的现代建筑学教育

路易斯·康所指导的研究生班是独一无二的,因为它的成功之处主要取决于他性格中的神秘性以及研讨式的教学形式。这种教学方式正中那些已掌握设计要领的成熟研究生的下怀,同样,这门课也需要学生们具有成熟的思想,一定的哲学知识,具有较高的抽象思维能力和对语言的理解能力。路易斯·康已经离开我们40年之久了,他最早的一批学生中从事教师行业的人已经到了退休的年纪,那么他当年的非传统型的教学方法是否还适用于未来的教师和学生的发展呢?

自1974年以来,建筑学院采取了一系列重要的变革措施,呈现出和路易斯·康所在年代完全不同的景象,比如招收了大量的女性学生,依靠计算机辅助设计,强调历史保护和持续发展以及来自后现代主义和结构主义的残留影响。尽管建筑行业已经有了翻天覆地的变化,而且研究生班已经成为历史,然而当今的学生仍能通过重新梳理路易斯·康的教学工作而获得不小的收获,这些40年前的思想如今仍有很大的借鉴价值。相关的研究大致可分为两大类别:路易斯·康对职业价值的理解和路易斯·康的设计教学方法。

1. 价值

在研究生班的教学工作中,路易斯·康一直强调设计和历史之间的联系——并非学院派传统下的照搬历史主义——强调学习历史中保留下来的永恒法则,比如起源、秩序、美观、对材料的合理使用、结构和光线之间的关系等。路易斯·康认为现代主题缺乏某种核心价值,比如建筑的精神性和仪式性,路易斯·康十分欣赏历史上那些伟大建筑身上所体现出的这种品质。

作为反对19世纪的历史主义者的一种手段,一些极端的现代主义者否定历史的价值。尽管这种教条主义思想造成了一定的危害,但是当今的学生

们已经意识到历史建筑的宝贵价值。包括著名的现代主义者菲利普·约翰逊也曾说过:"一个人不可能不了解历史。"

戴维·G·德隆（1963年）认为，路易斯·康对于历史建筑保护方面其实"内心深处是存在质疑的":

> 路易斯·康可能会比较认同下面这一观点：在适应性利用方面，客户往往并不会要求为预存空间提供新的使用功能……不过如果能将这些空间的潜力挖掘出来，客户往往会同意修改前期的计划，从而提高空间的适应性利用效率。[1]

在当今这个以消费者为中心的社会里，人们越来越关注那些"明星建筑师"所设计的外表光鲜亮丽的建筑，而路易斯·康早就劝诫过建筑师一定不要盲目跟随流行趋势，也不要做一个"只会画图的技工"，这无疑为当今的建筑学生以及建筑行业从业人员敲响了警钟。路易斯·康提出的人们对于建筑品质的忽视问题，也解释了为什么当今许多重要的建筑项目往往却出现资金短缺的问题。

作为一个教育哲学家，路易斯·康认为大学应该在坚持理想主义的同时不断进行反传统突破，这和他的许多理念十分相似。在路易斯·康的眼里，大学是一个纯洁且解除束缚的地方。他反对大学市场化，认为这会将学校变成一个为了获取资金资助的"研究工厂"或是"商场"，那样的话，不能产生商业利润的项目和研究将会没有生存空间。

路易斯·康同时也反对将不同设计方法进行划分归类的做法:

> 他们将建筑分为20个同样等级的部分，然而单独某个部分没有实际意义，只有当所有部分整合在一起才能体现其价值：城市设计、城市规划、生态学、园林建筑，上述每一个分类都有自己单独的学科。什么是规划？什么才是建筑？

如果把这些部分拆开来看,那么就失去了原本的意义。所以不应该把建筑学拆分开来,建筑学应该是一个整体。[2]

路易斯·康认为大部分建筑专业的教师缺乏对建筑专业的热情以及从事建筑行业的经验,"完全不清楚更没有意识到建筑的真正含义",而这些才是一个建筑专业教师最该具备的品质。[3]

毫无疑问,路易斯·康一定会肯定当今社会对可持续发展的重新认识,但是他并不认为可持续发展应该成为所有建筑师的首要任务。正如安东尼·E·塔兹米兹(1974年)所说:

跟气候设计相关的建筑技术以及体系在过去的40年间有了翻天覆地的变化,但是(路易斯·康的)教学方法的核心却是永恒不变的,因为他教给学生的是如何通过设计理念从最根本和基础的角度来解决设计任务,无论建筑技术以及方法如何改头换面,路易斯·康所教授的,是永远有效的。[4]

在当下这个过度细化且设计学科过度碎片化的时代,路易斯·康一定会反对"工程管理者"和"开发商代表"的出现,并且呼吁建筑师再次成为整个设计与施工过程的主导者。

2. 设计

路易斯·康的教学方法深受学生喜爱,尤其是对于那些较为成熟的学生来说,非常赞同在他的引导下进行这种依托苏格拉底问答法和塔木德方法形成的研讨式教学模式。路易斯·康强调批判性的思维方式,强调对个人直觉的运用,以比喻的形式来阐释真理,呼吁学生应坚持探索个人创作风格,并且认为这一点是培养一个优秀建筑师的核心工作。

尽管计算机技术日渐兴起，路易斯·康仍然坚持手绘表达的重要性，并且认为手绘草图仍将是建筑师表达设计思想的主要途径。毫无疑问，路易斯·康一定会认同罗洛·梅的看法，那就是当今的建筑专业学生应该谨防过度依赖电脑技术而忽视培养自己的手绘能力。正如前文所说，受学院派传统的影响，宾大的教学体系一直强调对于手绘表达能力的培养。路易斯·康一直强调要坚持这种传统的表达方式，不断地和学生强调直觉思考和手绘表达之间的关系。在他看来，草图是一种思维方式。

如今仍有一些建筑院校仅仅将建筑师看作满足客户需要、解决客户问题的工具，而路易斯·康一直坚持着他对建筑中"不可度量"部分的探索。感谢梅、沃拉斯、庞加莱、艾德华等人的研究，让我们对这一过程以及潜意识和创造力之间的关系有了一个较为清晰的认识。因此，现在可能正是一个契机，去完成路易斯·康生前没有完成的事情：至少在一定程度上表达出进入"缄默"阶段的方式，从而挖掘创造工作更深层次的内容。如果能做到这一点，那么路易斯·康的教学方式很有可能为建筑师提供一种全新的设计思路。

3. 案例分析

在以下的案例分析中，我会以设计工作室为背景，以我们今天对创造力以及潜意识领域相关的存在哲学的理解为基础，有选择性地运用路易斯·康的哲学理念和教学方法，从而提出一种丰富建筑学课堂教学内容的方法。

在孟菲斯大学教授建筑专业研究生课程的时候，我开设了一门针对研究生的研讨课，并且同时开设了一门并行的设计课程，以路易斯·康的设计理论和教学理念为教学重点。在这些课程内容中，学生需要通过完成一系列内容相互承接的文献阅读、课堂讨论以及设计作业来进行学习。在设计工作室的教学环节中，我不仅采用了研究生班的小组讨论形式，同时也延续了传统的一对一看图的方式来指导学生进行设计。在研讨课上，我们结合路易斯·康生前的讲座内容，以及其他人撰写的有关路易斯·康的书籍和文章进行讨论，从而进一步了解他的设计理念。学生也会将自己正在进行的设计或是已经完成的方案以汇报的形式进行展示。所有的讨论都是开放性的，以突出苏格拉底问答法的优势，任何一个问题的答案都会引发新一轮的讨论。在教学过程中，我会尽可能多地结合自己的亲身经历，同时借鉴心理学、史学、人类学、宗教和生物学方面的相关知识。同时我也会借鉴塔木德方法，借鉴一些寓言故事和传说来诠释一些观点。讨论过程中也会包括心理学理论方面有关潜意识思维的一些初步讲解，以及潜意识在创造力中所起到的作用，比如从潜意识进入到有意识状态时，经常会突然出现能够带来突破性进展的灵感的现象。

和大多数建筑类院校一样，工作室里的设计题目都是虚拟的。基础设计题目包括多种信仰共存的教堂设计、艺术画廊以及会议中心。在实际工作中，客户的需求对项目有绝对的主导权，但是在大多数建筑院校里，通常都以项目的自身需求作为设计的主导方向。路易斯·康曾警告过我们不要过早地将自己深陷在设计题目里，所以在设计伊始，都会先提问，"教堂的真正需求是什么？"或者"一个艺术画廊该有的样子是什么？"

在进入常规的场地或相关限制条件研究之前，会要求每个学生绘制一系列初步的、直觉性的图纸，路易斯·康将其称为"形式示意图"。这些图纸可以很好地确定出该建筑类型"不可拆分的部分"，包括每一部分和建筑主体的关系，以及各个部分之间的关系，从而显示出建筑内部所蕴含的秩序。在整个探索过程中，我们会持续问一些问题，比如："教堂的形式是什么？艺术画廊的形式是什么？"

这是一个艰苦的工作过程。学生们需要使出浑身解数去解决这个问题，放弃左脑的逻辑分析思维，尝试进入"缄默"，从而才能到达无意识状态。在研讨的部分，我比较愿意在工作室里采用苏格拉底问答法的教学方式，激发学生的研究热情，不停地质疑自己的设计假设、价值取向以及方案对比。

我通常会使用类比的表达方式来诠释一些观点，比如在讨论建筑中的力学和结构体系的时候，将人的流线和骨骼体系进行类比。

在寻找形式的过程中，鼓励学生随时留意梅和庞加莱所描述的那种突如其来的灵感的出现。学生们不仅需要留意自己此阶段做的一些梦，更要高度警觉在整个探索过程中任何休息、放松以及娱乐间隙，比如洗澡或是锻炼期间可能迸发的灵感。

一旦有了灵感，应该用类似传统学院派风格的快速草图，通过手绘的方式表达出来，形式示意图不用过于具体。这类图纸和路易斯·康所说的"能源图纸"十分类似，都是快速表达，直觉性比较强的图纸，不太注重比例以及对基地、材料和方位等内容的表达。该时期并不建议学生使用计算机，如梅所说，计算机的介入会妨碍学生进入"基于自身经历的深层维度探索"。[5]

一旦对形态有了初步的概念，学生们便可以进行实例学习、建筑规范研究和场地分析。相关的设计要求会以任务式的形式发放到学生手中，作为整个设计的宏观指导方向。

整个设计即是从"缄默"或是"不可度量"过渡到"光明"或是"可度量"的过程，时刻牢记初期建筑形式的重要性，然后在整个设计的过程中不停地进行测试和重新修正。强调学生通过设计将二维的场地转换成三维空间形式，但同时也要注意留有余地，为项目中没有提到的"非要求"空间但是形式中可能会出现的部分进行空间预留。这其中蕴含着一种迂回的循环式反馈机制，对设计方案进一步不断地检验、改善以及修改。学生们通常会感觉自己置身于一座看不见的宝库中，在缄默和光明两个状态中不停地徘徊着寻找灵感。

这种突如其来的创造性突破都是不可预见的，并且发生概率较低。然而当灵感到来的时候，却让人印象深刻。我的一位研究生，在进行一个位于花园中的画廊设计时，就曾亲身感受过这种感觉，迸发的灵感彻底改变了她的整个设计方向。她初期的形式理念主要包含三个独立的展示空间：一个主画廊，一个使用构造空间包括休息室和设备用房，以及"建筑3"，一个模糊定义的"多功能"空间：

主画廊和功能结构空间很快就设计出来了，然而，第三个空间的设计却比较波折，甚至令我深受煎熬。每次开始设计这个空间的时候我都会感到哪里有问题。于是我自己会刻意避开这部分的设计工作。后来我开始不是很确定是否这里真的适合做一个多功能用房。我感觉不到这部分功能的灵魂。于是我开始变得十分焦躁。我发现自己时时刻刻都在思考着这个问题，甚至在半夜睡觉的时候都会从梦中惊醒。

后来我意识到如果我将整个建筑旋转过来，将更有利于和周围花园的既有环境结合。而当我做出调整之后，我发现了一个全新的设计突破口：艺术画廊和功能结构用房之间其实更需要一个广场空间，一个可以让人们聚在一起坐下来休息的空间。当你沿着花园一路走来参观了一系列艺术作品后，你一定会希望有个地方可以坐下来吃点或是喝点什么。"建筑3"并不应该是一个多功能用房。而且永远都不会是，这儿应该是一个咖啡店！当我意识到这点，我一下都想通了！在这种灵感的驱使下，我马上找来纸笔，开始绘制新的广场和咖啡店。灵感最终闪现在我的面前。

我们可以从这段内容中看到创造性突破和梅对创新过程的描述的相似性。值得注意的是，学生明确地感知到最关键的设计思路并不是自己创造出来的，而是"自发地展现"出来的，自己仿佛看到了一直存在的某种东西。用路易斯·康的话来说，这种灵感具有自己的"存在意识"，会让设计者以新的能源和设计角度来看待问题。正是因为建筑存在这种固有本质，我们才应该坚持对其形式的探索与追求。

随着设计的逐步展开，相应地开始进行理性分析工作，此时更多地要求学生进行左脑理性思维，并且开始使用计算机进行辅助设计。之所以在设计前期以对建筑形式的直觉性为主，并且采取手绘的表达方式，就是为了能对设计有个较为深入的理解。

通过学生对于讨论课和设计课的评价，可以进一步验证该授课形式在建筑学教学方面的有效性。比较有代表性的评论包括：

我认为将路易斯·康的形式理念运用在设计的初期阶段是一个十分明智的做法。因为一直以来都没有其他更适用于方案前期的设计方法。而且一旦了解路易斯·康的设计理念，它就很容易成为自己的一种设计习惯。

（我们的导师）通常都是提出问题而非直接给出答案。大多数情况下，我们都不会马上得出结论，但是他的问题会启发我们去思考。

这门课加深了我对于建筑设计过程的理解，在过去的许多年里，我一直在思考这个问题，但是一直没办法彻底地理解这方面内容。

（这门课）将设计提升到一个新的高度，是以往的工作室形式不能企及的。

以我多年从事教学工作的经验来看，如果可以通过对创作心理学的研究，来了解路易斯·康这种非传统的设计教学方式从而证实这种教学方法的有效性，那么就应该在当今的教学工作中使用这种新的教学方法。理解创造力与潜意识之间的关系是弄清路易斯·康的设计思路的重要因素。

通过对存在主义心理学的研究，我找到了一个能激发建筑学专业学生潜意识创造力的方法。该方法主要提倡以下五点教学策略：

① 为学生介绍创造力和潜意识之间的关系。
② 让学生理解创造性突破的突发性特点以及触发这一现象所需的条件，比如集中工作和休息的交替。

③ 在授课过程中增加比喻、神话以及寓言故事的引用频率，从而增加学生的直觉性理解能力。

④ 在设计任务初期强调手绘图纸的重要性，减少学生设计初期对于计算机的依赖性，从而提高潜意识创造力。

⑤ 在设计中要求学生验证直觉性灵感的有效性。

我希望通过我的努力能将路易斯·康式设计和教学体系中的价值发挥出来，并且在当今建筑高校的教育中得到应用。路易斯·康强调地域历史特色保护以及建筑师在社会中的主导地位，反对那种肤浅地追随时代潮流的设计手段，同时他呼吁建筑师在设计过程中不要过度依赖科学技术，而应该更多地考虑社会文化因素。

在当今的社会背景下，路易斯·康这种不断质疑的态度，对事物本质的上下求索精神，对自身设计方法的不断追求，以及对基本原理的不断思考，尤为值得提倡。路易斯·康对于苏格拉底问答法以及塔木德方法的运用，为我们提供了一个提升创造力和培养批判性思维的方法。

除此之外，通过对路易斯·康的教学方法的重新研究，我相信当今的学生可以学会利用潜意识来激发自己的创造性思维，掌握从更丰富的资源中获取灵感的技巧，从而提高学生解决问题的能力。不管是教师还是学生，都可以从路易斯·康的智慧中获得更多启示，学会从事物本质出发，探索设计问题的解决方法，不断地追问自己："它自己希望成为什么"，而不是"我想让它成为什么"。

本节参考文献

1 David G. De Long, letter to the author, March 26,2014.
2 Kahn, as quoted in Richard Saul Wurman, What Will Be Has Always Been: The Words of Louis I. Kahn (New York: Access Press and Rizzoli International Publications, 1986), p. 31.
3 August Komendant, 18 Years with Architect Louis I. Kahn (Englewood, NJ: Aloray, 1975), pp. 188-189.
4 Anthony E. Tzamtzis, letter to the author, November 16, 2011.
5 Rollo May, The Courage to Create (New York: Bantam Books, 1976), p.76.

第二部分　教育和实践工作者的老师

一、教师和建筑师

当年研究生班的大部分学生在毕业之后都在实际工作中取得了不错的成就。其中许多人都成了教育工作者，或是将路易斯·康的教学方法运用到实际工作当中去。路易斯·康的一生既从事了实践工作，同时又投身于建筑教育，而且在他看来，两种职业起到了互相促进的作用。这也是他的哲学思想和处事方式在研究生班里深得人心的原因之一。虽然并没有具体的数字，但是根据现有资料可知，几乎有一半多的毕业生都从事了教育事业。也正是因为路易斯·康的许多学生都成了教师，才让他的影响力进一步扩大，才让他的思想及其价值在当代的建筑专业学生中得以传播。

二战结束后，"哈佛和宾大等建筑院校培养出来的"美国学生，开始在欧洲建筑教育领域崭露头角。"路易斯·康的学生，如伯纳德·休伊特，成为1968年后的建筑教育领域的领军人物，带领人们在学院派风格的遗址上重建了新一代的建筑类院校，尽管路易斯·康其实师承克雷特，所以从这点来看，有些自相矛盾。"[1]休伊特建立了建筑与城市调查与研究学院（Institut d'Etude et Recherche Architecturale et Urbaine），同时也是《今日建筑》（L' Architecture d' Aujourd' hui）的编辑，并且在法国历史保护运动中起到了主要作用。[2]

路易斯·康对建筑领域的影响并不仅仅体现在大学教育中。他的工作室合伙人兼宾大的同事戴维·波尔克曾表示："路易斯·康的出现引起了一场思想变革，导致学校里的每一个人都想为他工作。"[3]科门登特在参观了路

易斯·康的办公室后说道:

　　与其说是建筑师的办公室,不如说更像是一个艺术家的书房或是工作室。许多年轻的建筑师都来到这里,其中很大部分是路易斯·康的学生,都有着很好的学术背景。其中比较出色的员工会在他这里工作一两年,然后通常会离开自立门户,或是成为专家。[4]

　　路易斯·康对于学生的影响,在那些毕业后终身或是大半生投身建筑事业的研究生班的同学身上尤为突出。格伦·米尔恩(1964年)曾就路易斯·康对于自己一生的影响做出了如下的总结:

　　路易斯·康以一种难以言表的方式把我从桎梏中解放了出来……我们中的许多人都成了路易斯·康忠实的追随者。但是我并没有。因为在我看来,那种单纯模仿路易斯·康的设计语言和方法的做法其实对他是一种伤害……路易斯·康是我一生中最好的老师。他用他特有的方式增强我们的感悟能力……从而逐渐转变我们的思维方式。在他从事建筑教育工作的30年里,他将他的精神传递给了我们。[5]

　　1984年在克兰布鲁克艺术学院(Cranbrook Academy of Art)的ACSA/AIA会议上,马克斯·A·鲁滨(1964年)特别强调了路易斯·康作为当时许多教育工作者的老师,所带给世界的影响:

　　宾大当年的院长李·科普兰(Lee Copeland)曾做过一次关于路易斯·康的专题讲座,并且在讲座中提到,路易斯·康的大部分学生在毕业后,都选择从事学术而非实践工作。当时在场的听众几乎都是来自全国各地建筑院校的教师代表，于是他邀请曾经是路易斯·康的学生的听众站起来，结果超过40%的人都站了起来。可以看出，路易斯·康在教育领域的影响十分突出，他的理念通过他的学生得以继承并且传播，几乎左右了美国未来50年建筑教育领域的发展。[6]

正如加文·罗斯（1968年）所说，路易斯·康对于他自身教学方法的影响颇大：

路易斯·康是一位能够准确阐释建筑含义的老师，并且能够看到并且理解我们作品中"不可度量"的部分。尤其是在每一个设计作业中，路易斯·康所追求的是个人对某一建筑形式的理解，然后通过设计表达出来。而这也变成了我个人教学中所追寻的主要原则。这种方式给予设计一种艺术合理性，而非单纯以解决问题或是美学为原则进行建筑设计，在遇见路易斯·康之前，我一直对这种设计原则感到十分失望。他的教学方法重新诠释了场地的精神性，并且和设计本身有效地结合在一起。[7]

麦可·贝奈（1967年），回顾自己从教40年的经历，认为在设计工作室的教学工作中，路易斯·康对于比喻的使用以及对于建筑结构的重视给了自己很大的影响：

在我的设计工作室中，经常选择一些文化机构的设计题目，比如图书馆、剧院、学校和博物馆。因为这些建筑和当今社会及其背后的文化背景有着紧密的联系。我会鼓励学生根据给定的项目条件，重新诠释以及表达建筑的物理形式。我会经常采用比喻的形式来进行相关事务的类比。比如，让学生把图书馆看成一本百科全书，或是把博物馆看成艺术的脚手架。一些好的类比，往往会激发一些新的建筑表达形式。

在建筑实施方面,材料和结构往往都是一项设计中不可分割的两部分。我会鼓励学生从最初的设计理念来思考建筑的最终形式。学生们在整个设计过程中,需要一直思考材料和结构与建筑形式的结合方法,而不是等形式形成之后,再去考虑这方面的问题。和路易斯·康一样,我会强调对于自然光线的应用,以及从宏观层面进行思考。建筑设计应该考虑到空间对于光线的需要。建筑剖面是为了回应场地方位的需求,从而为建筑提供不同程度、不同品质的光照。

我通常不会给出直接的评论,而是采用类比,比如以距离的方式评价学生的设计。这种做法有利于鼓励学生仔细思考,从而更好地在设计中进行应用。教学的目的并不是学生最后完成的作业,而是学生对建筑的思考方式。[8]

教学和实践回顾

为了记录路易斯·康的学生是如何在他的影响下,将路易斯·康的建筑哲学、专业价值和自身的教学以及实践工作进行结合,我邀请了其中的一些毕业生专门回顾了一下自己从研究生班毕业后的经历,然后评价一下自己的职业生涯。其中会具体要求他们描述一下自己设定的人生目标(完成的或是未完成的),重要的事业或是人生转折点(有规划的或是偶然的),以及成功与失败。回顾内容需要包含实践工作以及相关的教育工作。并且要求他们描述一下自己选择某条特殊道路的原因,以及这条道路是否对他们的人生产生了深远的影响。重点探讨一下在路易斯·康门下读书的岁月,是否对自己的人生产生了影响,是积极的还是消极的,是否在接下来的职业生涯中将之前所学的内容进行了检验。

在下面的内容中,会根据作者在研究生班求学的那一年,按照时间的顺序给出这些毕业生的回顾内容。从这些反馈信息中可以看出毕业生职业选择的多样性,以及路易斯·康的思想对学生产生的巨大而深远的影响。

本节参考文献

1 John Ockman, ed., with Rebecca Williamson, research ed., Architecture School: Three Centuries of Educating Architects in North America (Washington, DC: Association of Collegiate Schools of Architecture, 2012), p. 320.
2 Oxford Grove Art, "Bernard Huet," www.answers.com/topic/bernard-huet-1.
3 David Polk, as quoted in Tohio Nakamura, ed., "Louis I. Kahn, Conception and Meaning," Louis I. Kahn (Tokyo: Architecture + Urbanism Publishing Co., 1983), p. 232.
4 August Komendant, 18 Years with Architect Louis I. Kahn (Englewood, NJ: Aloray, 1975), p. 172.
5 Glen Milne, Letter to the author, September 7, 2011.
6 Robinson, Max A., "Reflections Upon Kahn's Teaching," unpublished essay, September 15, 2011.
7 Gavin Ross, letter to the author, May 26, 2012.
8 Michael Bednar, "Kahn Teaching Influence," letter to the author, July 13, 2012.

二、路易斯·康离开以后

小约翰·泰勒·塞得那，1962年秋季研究生班

路易斯·康对于我们这些来自西海岸的人来说，简直就是一个传奇人物。在西部我们会画图，会做模型，有的时候甚至需要亲自施工。我们很少会探讨有关"建筑灵魂"的相关话题。之后我便来到了这里，这里有像我这种来自加利福尼亚的小孩，还有来自世界各地的人，以及仿佛来自汤姆·沃尔夫（Tom Wolfe）的《路易斯·康提科洛舞薄橘型婴孩》（*The kandy-kolored Tangerine-Flaked Streamlined Baby*）里面的人，我们都坐在一个特别闷热的屋子里，听着一位个子不高的大师跟我们说着一块砖、一场仪式的故事，他还谈到了达卡的两个机构，隔着一条旱谷相对而立。对于当年的我来说，还是头一次从哲学的角度来探讨建筑。

1. 从校园外的路易斯·康学习

在1961年的秋天，第一个学期开学之前，我有幸见到了处于实践工作中的路易斯·康。约瑟夫·埃谢里克（Joseph Esherick）帮我写了一封推荐信，让我有机会能去路易斯·康的工作室参观，去了之后我很兴奋地发现路易斯·康不仅善于绘图，同样也精于结构。路易斯·康当时正在为姐姐在栗子山（Chestnut Hill）的位置设计一幢住宅，他当时谈到了木质梁为什么要扭转的问题，还说到了如何处理加利福尼亚海岸的炫光问题。

在工作室以外，还曾在费城学派做了《先进建筑》（*Progressive Architecture*）这样的杂志，重点介绍了以路易斯·康为首的一批先锋建筑师，也出版了很多本关于路易斯·康手稿的书，还帮助文森特·斯库利专门出版了一些著作。当时在建的实际项目包括宾大的理查森医学研究楼，位于费城西部磨坊溪（Mill Creek）的公共住宅，以及埃谢里克住宅。住

宅里面的东西很多都可以触摸，比如埃谢里克的叔叔，木雕刻家沃顿·埃谢里克（Wharton Esherick）制作的橱柜。

斯库利书中那些路易斯·康的手绘图深深地吸引了我：比如下意识地快速绘制的城市意向图；城市行为的分析图纸；意大利罗马和圣吉米尼亚诺（San Gimignano）的一些精美的手绘图。其中，最触动我的是那些描绘城市基础设施的图纸，用图表和图纸表达着河道的流向和码头停泊的作用。在阅读这样的图纸的时候，仿佛在聆听路易斯·康的声音，在向他学习。

在进到路易斯·康的设计工作室之前，我们需要上一整年的市政设计课程。研究生班学制两年，包括一年的市政设计和规划课程，一个暑假的实习课程和路易斯·康的工作室课程，毕业了可以获得城市规划和建筑硕士学位。

入学后的第一个秋年，我们在市政设计工作室，主要由院长霍尔姆斯·帕金斯，费城规划委员会的执行理事埃德蒙·培根以及路易斯·康办公室的设计师比尔·波特（Bill Porter）三人负责，比尔随后成了麻省理工学院（MIT）的院长。

开学后不久我便发现了路易斯·康绘制的那些关于流动的示意图，"河道和码头"，以及他最核心的卡尔卡松愿景，我深深地被这些设计所吸引着，以至于忽略了院长帕金斯和埃德蒙·培根的教学内容。

我们的项目地点位于斯库尔基尔河（Schuylkill River）沿线，我们需要在紧邻校园的铁路之上进行建筑设计。史普鲁斯街（Spruce Street）不仅将基地一分为二，并且连接着横跨斯库尔基尔河的大桥，也是费城西部与中心市区的连接点，所以每当我走在这条街上，穿过斯库尔基尔河的时候，都能感受到一种进入两个密集的城市空间之前的宽敞感。正是这种在高密度城市中少有的开阔感，以及路易斯·康的流动理念，成为我整个设计的灵感：加州的生活体现得更多的就是这种流动感，和费城这种安逸的风格完全不同，而路易斯·康的大部分作品中也在强调这些。

我生在以灌溉农业为主的加州中央谷地（Central Vally），我的祖父是当地的木匠，负责监管当年联邦政府水利项目的第一批泵站和河道的建设。我的伯祖父当年是南太平洋铁路公司的工程师。我最喜欢的一个叔叔曾参与了国家高速公路的建设。所以说，我对基础设施的关注根植于我的血脉。

2. 基础设施建筑

于是我在路易斯·康的图纸的启发下开始进行设计，虽然那时候我还没有上过路易斯·康的课。我先画了一张酒店的草图，在斯库尔基尔快速路和南街高速之间设计了一个螺旋互通式的建筑。我其实是遵循了路易斯·康对于管路和高架系统的设计原则，设计了一个"高架桥建筑"，尽管人们并不喜欢这种建筑形式，但是它却清晰地表达了城市的运作方式。

然而当时我并不知道埃德蒙·培根当年正是因为路易斯·康的高架桥提议才开除了他。路易斯·康当年直接提出了一个类似于"中国长城"的新想法。埃德蒙·培根花了好几年的时间，才拆除了原来的"围墙"，一座从第30街火车站开始，直接横跨斯库尔基尔河，直接通往市中心的多种交通方式并行高而结实的高架桥。而在我的设计中，我增加了更多的垂直元素在里面——甚至还在平台的位置设计了一个世博园，这个设计的灵感一部分来源于保罗·西里（Paul Thiry）为即将开始的西雅图世博会设计的最初的造型平面设计图，以及我在1941年到旧金山的金银岛（Treasure Island）上参观世博会时所留下的一些记忆。第一次评图过程对我来说相当惨痛——我已经习惯了加州的评委们比较温和的评图方式，而这儿的评委们仿佛碾压机一般，整个评图中他们会不停地争执，而我们就像是他们发起内讧的焦点一样。我当时真的有点震惊（不过，令我欣慰的是，路易斯·康的评论方式一般都十分温和并且内容也十分有参考价值，这也可能是因为当年这里并没有人能够成为他的对手）。

当我的第一个作业被否决了之后，我以为帕金斯和埃德蒙·培根会开除我。于是我休了个短暂的假期，飞回到加州参加我的建筑师资格证面试，我通过了面试，然后又再次回到费城，同时准备参加一个新的加州政府大楼的设计竞赛。帕金斯院长不但没有开除我，还和蔼地让我利用剩下的时间专心投入到这个竞赛中去，对此我一直对院长表示感激。

在工作室里做着自己的竞赛设计，完全是一种"工作室之外"的体验。比尔·波特同意专门给我看图，像这种长时间的辅导形式十分有效，尤其是比尔可以从路易斯·康先生的设计角度来进行指导。我的设计很符合萨克拉门托（Sacramento）当地的气候要求，但是没有满足这个小城市的西班牙庄园特点，所以并没有获得评委的认可。他们需要的是柯布式而非路易斯·康式的建筑，仪式性的进入方式以及那个年代大部分学生都在抄袭的陈词滥调的设计手法。

3. 研究生班：从内部向路易斯·康学习

当时我一直沉浸在路易斯·康为市中心设计的卡尔卡松式方案中难以自拔，尤其是那些运动分析图纸，以及他对建筑潜能的挖掘。然而令我失望的是，我们却并没有在路易斯·康的工作室学到这些内容。那是由于路易斯·康在外旅行，所以主要由代课老师负责上课。而我们的代课老师正是诺尔曼·莱斯，他也是路易斯·康的研究生班的常年负责老师之一，但是却和路易斯·康有着完全不同的设计理念。于是整个工作室又变回了那种常规的工作室，完全不是一个可以拓展思路的地方。

路易斯·康不仅在建筑设计理念和表达方式方面与其他老师有所区别，同时还有着截然不同的教学方法。在以往的求学经验里，"工作室"意味着一张制图桌，而老师也是来到桌子旁边进行单独看图；而路易斯·康的工作室里，会在黑板的中间放一张会议桌，学生们会和路易斯·康一起围坐在这张桌子周围一起进行讨论。大多数时间，路易斯·康会想到什么谈什么。我感觉自己仿佛坐在菩提树下，听着一位大师在布道。

然而正是这种方式，把我从图板中解放了出来（柏林墙的呼唤），学习着让自己置身于一条幽暗狭窄的街上，静静地聆听着。渐渐地我开始感受到路易斯·康精神的伟大能量，每当路易斯·康表达他的思想的时候，我都能感受到他的真诚与直接，能感受到他对于建筑真理的追求。路易斯·康用这种方式来刺激我们去思考，而不是单纯画图。我想，正是从那时开始，我踏上了自我探寻的道路，虽然我当时并没有意识到这点。路易斯·康在给出答案之前，会用苏格拉底式的冥想和提问的方法来帮助我们思考。当然有的时候路易斯·康会在连续的两次研讨会中谈到同样的问题，有时还会和自己上一次提出的观点相矛盾，我也是最近在之前的一位同学的提醒下才想起这一点的。

当时路易斯·康正同时忙于两个设计项目，一个是加州的萨尔克研究中心（Salk Research Center）的收尾工作，一个是孟加拉国首都达卡的初期规划与设计。因此，大部分时候路易斯·康都没能来上课，偶尔出现的时候，能明显看出他十分疲惫，只能靠诺尔曼·莱斯和工程师罗伯特·勒里科莱斯来保证讨论的正常进行。

有时路易斯·康会选择一个学生的作品来作为切入点进行讨论，而且大部分时间都是和勒里科莱斯一起。有的时候路易斯·康会讲课，我们应该安静听讲，但是我的一个市政设计专业的同学会不停地打断或质疑路易斯·康，当然，他在其他的讨论课上也会这样。但是很明显，这种做法对路易斯·康造成了干扰。

听路易斯·康讲课对我来说简直就像在听一门外语，所以我认为我学到的东西十分有限。直到后来，丹尼斯·斯科特·布朗给我进行了一次辅导，耐心地讲解了路易斯·康所表达的意思，就像之前比尔·波特那样。同学之间的互相学习对我来说也十分重要，我从我们班上的两个留学生身上就学到了不少东西。他们是特里·法雷尔（Terry Farrell）和马尔克·艾默里（Marc Emery），马尔克是法国《建筑》（L'Architecture d'Aujourd'hui）杂志编辑的儿子。特里是一个结合了伦敦人特有的敏感、学院派特有风格和粗野主义的结合体。马尔克曾是柯布设计的拉托雷特修道院（la tourette monastery）的场地助理，与我们的交流中使我们了解到CIAM（Congrès International d'Architecture Modern，国际现代派建筑师的国际组织）的标准还十分具有国际视野。他们的出现扩大了我们的视野。

同时，我们的市政设计专业的老师们会教授我们其他一些东西——伊安·麦克哈格会告诉我们哪里不能进行施工，保罗·达维多夫（Paul Davidoff）和其他一些规划专业老师会告诉我们在设计之前，必须询问未来使用者的需求。

4. 回到西部

由于对规划专业的设计师不太能理解甚至存在一定的抵触情绪，毕业后我直接回到了西部。我拒绝了波士顿和费城的一些比较不错的工作机会，直接回到了加州的萨克拉门托。

我花了一个夏天的时间待在萨克拉门托的贫民区里，对那些废弃的19世纪50至60年代间的建筑进行测绘，准备进行有历史意义的滨海公园的重建工作。在和当地的酒鬼和拾荒者打了一个夏天的交道之后（整个区域都被抬高以抵御来自萨克拉门托河的洪水的侵蚀），我回到了位于伯克利的工作室，开始着手重建规划设计。通过在当地居住数月的经历，路易斯·康对我思想的影响开始发挥作用。在我刚开始从事这一行业的时候，我就经常对自己说，"如果是路易斯·康来做，他会怎么思考这个问题，他会做些什么？"然后我便意识到，路易斯·康一定会问："是什么使这个地方得以存在？"

然后我意识到基础设施将一切串联在一起，这才是这个地方的关键，就像路易斯·康所说的，街道即建筑。

从某种意义上说，基础设施有着和博物馆一样的作用。而我们要做的，就是在重要基础设施的位置增加现代的"码头"，也就是停车场。

确定具有历史价值的建筑，比如李维·斯特劳斯（Levi Strauss）开始卖粗蓝布工装服的大楼，以及利兰·斯坦福（Leland Stanford）等人一起创立的中央太平洋铁路公司（central pacific railroad）。当然也包括萨特上岸公园（Sutter's Landing），为上游的金田公司输送货物的地方；快马邮政（Pony Express）的总站，随后又成为中央太平洋（后又称为南太平洋）铁路公司的地盘；以及地块当年作为仓库用地，为了方便货车进出所形成的特有的街道网格。因此，建筑自然成为限制因素，同时也成为陪衬；而街道成为设计的主体，活力的载体。同时我也明白了当年路易斯·康为什么如此关注中央的开敞空间和萨尔克中心的溪流，明白了他为什么如此关注达卡那些有地域性且决定了公共机构和空间联系方式的地方。

5. 路易斯·康对我在基础设施设计方面的进一步影响

萨卡拉门托老区并不是一个具有"都市气息"的地方，而我的下一个设计，奥克兰市的新城设计方案却有着鲜明的都市特色。有机会使整个城市遍布高架桥体系和都市林荫大道，有机会成为重要节点设计出标志性的高楼或开敞空间，并创造机会用来为城市内林立的大厦以及开敞的空间设计重要的节点，从而增加创新性复合功能的发展。这不禁让我联想到路易斯·康对于中心城区的威廉·佩恩规划的特性（Center City's William Penn）重新定义的思路。

6. 对流动和停泊场所的建筑造成的影响

当时我受委托为抬高的湾区城市轨道交通系统（Bay Area Rapid

Transit，简称BART）设计两个站点。我首先还是思考如果是路易斯·康会如何来做这个设计，他一定会思考车站所需的形态是什么，而这个问题也为我的设计奠定了基础。站台并不需要是一个有特点且独立的建筑；它应该是一条高速运动轨迹的停顿点，是人们进入及离开的分界点，是人们和地面接触的交接点。我的设计一方面像一只张开的手，迎接进入的人群和光线。另一方面，站台两侧的玻璃开口向外延伸几百米，形成类似于"鱼鳍"形式的空间——离站台中心越近的部分间距越小，从而起到暗示火车进站、放缓速度的作用。我的一些同事曾和阿尔瓦·阿尔托（Alvar Aalto）一同设计过一座图书馆，因此，在设计站台鱼鳍形式的时候，借鉴了阿尔瓦·阿尔托作品中简洁的流线形式，同时也参考了柯布的拉托雷特修道院的设计。

7. 教学方面的影响

后来，我的职业发展出现了一次新的变化——我受到加州大学伯克利分校的环境设计学院的邀请，以讲师的身份负责一门小型的城市设计课程。于是我接受了八名克里斯托弗·亚历山大（Christopher Alexander）的弟子——十分优秀的学生——然后开始我的路易斯·康式教学之路。我延续了路易斯·康的苏格拉底式教学方法，以启发学生主动提问为主。我安排这八名学生分别以不同的角度来分析一处低收入人群街区。然后我让学生们先问自己："什么才是街区？"而最终学生们都回归到一个道德层面的问题上来，那就是：作为建筑师，我们应该把自己的想法强加给别人吗？

不久之后，我们和来自华盛顿大学的学生一同组织了一次研讨型的前期设计项目，为阿拉斯加州设计一个新的首府。学生们先是对堪培拉、华盛顿特区、华盛顿州的奥林匹亚以及巴西利亚等首都城市做了详细的研究，然后学生们几乎都是第一次开始思考"为什么"设计以及相关的设计道德问题，比如是否会消耗大量财政支出，是否侵占宝贵的土地资源，是否会导致大量的人口迁移。整个设计过程互动频繁，尽管学生们（包括我）都十分希望开始设计，但是我认为学生们没有忘记他们遇到的问题。

因为我深知这一做法的必要性。路易斯·康关于"它到底应该是什么"的问题，其实是在进一步启发我们去思考："是否真的有必要这么做？"

随后，我们的事业发展方向有了较大的转变，并没有再继续路易斯·康的设计理念的探索。我加入了一家位于夏威夷的公司，开始进行一座新城镇和加州北部的海洋牧场（The Sea Ranch）公司的规划工作。随后我开始从事低成本郊区住宅设计，和超图公司的改革人一同工作，还规划了两处种植园。等到了20世纪70年代，我便开始阅读《全球目录》（*Whole Earth Catalog*），与可持续自耕农场相关的书籍，以及麦克哈格的相关研究方法。

与此同时，夏威夷大学新建了建筑学院，并邀请我过去教书，于是我再一次回到了学校——在热带地区，再一次开始探索"路易斯·康会如何做"之路。我开始撰写瓦胡岛和檀香山地区的城市设计专题文章。夏威夷的建筑师都十分擅长处理建筑中的热带光线，比如增大阴影面积以及过滤进入室内的光线。路易斯·康在萨克尔中心设计中所研究的内容同样适用于夏威夷地区，比如木格栅在光线控制以及自然通风方面的运用。

8. 研究与写作

我的教学工作给我机会，可以去反思我从路易斯·康以及宾大的市政设计课程中所学到的东西，以及它如何可以提供一个框架，让我能够更好地理解瓦胡岛的城市化进程，在这一过程中糖料和凤梨种植面积大量减少。当时夏威夷大学正考虑在西部或是瓦胡岛的中部修建第二个校区，丹尼斯·斯科特·布朗将其称为"城市形态的触发器"，他认为校园的出现会促进城市的发展。于是我和一些学生一起开始着手新校区的设计。此时路易斯·康对我的影响，主要体现在图纸表达方面。大部分路易斯·康的学生并不知道他曾对城市社区也进行过研究，并且画图分析过自己和奥斯卡·斯托罗诺夫（Oscar Stonorov）的一些设计理念。世界上的许多研究以及创新方法在短时间内都很难看到成果，城市设计就属于其中之一。瓦胡岛西部地区的城市设计方案自实施以来已有30年之久，现在设计的成果逐步显现出来。

当地的美国建筑师协会发行了一本质量颇高的月刊杂志，我的研究成果都以文章的形式发表在这本杂志上。我在其中一篇文章中提到了"指关节"（"knuckle"）这个概念，这种说法是路易斯·康提出的，林奇将其称之为"节点"。我提出用这一概念将夏威夷大学校园和周边的社区中心连接在一起，这一概念引起了不小的关注。30年后，这一概念的成果逐渐在轻轨站点的周边显现出来。

9. 重回伯克利与学院派

我在太平洋大西部和夏威夷拉奈岛（Lanai Island）上以政府建筑师/规划师的身份在乡村工作了几年后，再次回到伯克利校园攻读博士学位，同时负责校园规划的城市设计项目。当我还是个孩子的时候，我并不喜欢校园中心位置那些学院派风格的建筑（那种过于宏伟的比例让我感到恐惧），但是当我上大学之后，我开始试着站在路易斯·康的角度重新审视这些建筑。我重新发现了这些作品中所采用的特有的形式、对称的结构、立面柱式与阴影关系，以及自然光的引入，都深深吸引了我。当时大量的非人性化的粗野主义建筑突然在校内盛行起来，于是我和一位历史学家一同合作，开启了一项修复校园内重要历史建筑的研究。我时常能够回想起路易斯·康在设计中对于人性化的关注——不过这一点我并不是在学校里学到的，而是从校园"外部"的路易斯·康身上学到的。

10. 创造与土地相结合的建筑

路易斯·康曾参加了劳伦斯科学馆的设计竞赛，项目位于质子加速器实验室的附近，路易斯·康在伯克利校园的上方设计了一个综合大楼。直到路易斯·康的图纸在宾大展出的时候，我才有机会认真地观察了他的设计方案——路易斯·康使用碳笔在黄色的草图纸上进行绘制的，所以可想而知评委们看着这份多个小时才产生的设计一定感到愤怒。

通过这次观察，我发现了这个方案的策略重点。路易斯·康十分清楚场地下方地震断层的特点，于是特意设计了类似断层的结构。而最终获奖的作品就像一排丑陋的棺材一样，从学校下方看去一览无遗。

从这个设计中，我们可以看到路易斯·康对于场地特点的关注，他用象征的手法来重新诠释当地地质地貌的形态，是一种全新但却十分低调的设计手法。后来，我在加州出版的杂志《艺术和建筑》（*Art & Architecture*）上面的新闻报道里找到了这个设计的模型和图纸照片。

11. 绘图是一种建筑设计方法

斯蒂芬·海伦（Stephen Heller）最近为《纽约时报》（*New York Times*）写书评写下了这样一条评论："对记号、标记以及符号的常规使用⋯⋯才是回归本质的正确做法。"CAD 技术的出现为设计师提供了一种捷径，也让像路易斯·康一样的创作者所使用的设计"语言"逐渐在建筑领域中消失不见。所以我经常会翻阅一些关于路易斯·康的书籍，重新去回味他关于罗马、丘镇以及希腊庙宇的手绘图，以及那些关于运动流线的分析图纸。并且重新全身充满敬畏，路易斯·康把他从传统学院派风格中学到的精华部分教给了我们。他教会我用信念去绘制蓝图，而不是制作好看的图纸，同时也是他教会我通过绘制分析图的方式去清晰地表达自己的想法，从而让同行和非专业人士都能了解我想表达的思想。

在我们那个年代,路易斯·康那种用粗马克笔或是碳笔绘制的图纸显得过于粗犷,不过这很有可能是出于他视力下降的缘故。某次评图过程中,一个研究生用硬度很高的铅笔在白色的展示板上进行表达,因为很难看清。路易斯·康在听了他的汇报之后十分欣赏他的想法,于是直接在展示板上画了一个生动的分析图还做了标注,完全没有看到那个学生已经画上去的内容。这也算是一个幸运的学生。

在我教书的岁月里,我通常会强调手绘图的表达——尽管 ACSA(The Association of Collegiate Schools of Architecture,美国建筑院校协会)曾明确要求我在夏威夷大学开设"创新型"课程——仿佛他们不知道手绘能力多年来一直都是建筑教育的核心。在过去的几年里,我曾举办过数次仅能提交手绘形式作品的竞赛活动,中国香港的 AIA 还因此专门授予了我一定的奖项。

12. 光所创造出的空间

虽然路易斯·康的设计以光的运用技巧而闻名,比如萨尔克中心的炫光处理方法以及对教堂室外环境的模拟等,但是在课堂上,他却很少谈到相关的话题。路易斯·康曾在磨坊溪社区的顶部安装了检测设备,来"获取自然光"。他还曾致力于菲利普斯埃克塞特学院的图书馆项目,图书馆的中心有一个天光直入的中庭空间,将图书布置在中庭的外侧,沿着中庭的周围布置了一圈读书专用的卡位,从而形成一种"将书拿到光线中阅读"的感受。我曾在 20 世纪 70 年代的时候专门去参观过这个图书馆,它给我留下了十分深刻的印象。

我和特里·法雷尔等一些毕业于路易斯·康工作室的人,在设计轻轨和地铁站点类的项目中,都曾试图像路易斯·康一样将自然光线引入公共空间中。其中,法雷尔在中国香港设计的九龙站是这方面尤为成功的例子。

13. 音乐和建筑

当我还在伯克利大学读本科的时候，有幸听过建筑师斯坦·艾勒·拉斯姆森（Steen Elier Rasmussen）的设计基础理论课。其中有一节课是关于韵律的，还用到了邦加鼓。之后我便逃了那些现代主义风格教授的课，开始阅读威特科尔（Wittkower）分析希腊比例和尺度的书籍，同时还选修了一些关于古典和现代音乐的课程。多年以后，我曾帮忙设计一个位于伯克利校园内的音乐厅，这还要感谢我的老板弗农·德马克（Vernon DeMars）对我那篇名为《旧金山交响乐大厅》（San Francisco Symphony Hall）论文的肯定。我还曾辅助他设计过一个全新的交响乐大厅，后续又参加过几次歌剧院的设计竞赛。遗憾的是我从来都没有系统地研究过建筑和音乐之间的关系。

后来，当我看到路易斯·康设计的金贝尔美术馆之后，我惊讶于他对于光线和韵律的运用手法，我甚至怀疑他是否故意将这两种元素建立了某种关系——尤其是他那么喜欢弹奏巴赫的钢琴曲。我多么希望自己能有机会当面请教他相关的问题。随着我对校园内学院派风格建筑的研究，我开始意识到对称、色调和秩序的重要性，也明白这些要素对于路易斯·康的影响。路易斯·康是否进一步思考过相关的内容，形成自己特有的设计主旋律？我曾写过几篇文章来研究这一课题，希望能够重新组织我的一些想法，然后将其完善成一小本专门研究该领域的著作。

14. 空间的制造者

路易斯·康所设计的大部分建筑都比较粗犷，甚至有些工业风格，粗糙的表皮导致很少有人愿意触摸或靠上去，所以可以看出，路易斯·康的作品并没有太多考虑到人的舒适性问题。宾大的理查德医学科研究楼（Richards Medical Resaerch building）存在同样的问题——窗户上贴的遮光铝箔在避免炫光的同时也屏蔽了热量，导致内部走廊等公共空间都过于寒冷。当时一些评论家对此颇有微词，而作为路易斯·康工作室的学生，我们也一样感到有些不解——为什么大师要设计一个这样不舒适的空间呢？

20年之后，宾大邀请我去教一个学期的课程。有一天，我在教工食堂吃午餐，邻桌刚好坐着一群不同学院的院长。其中一个人问医学院的院长，"为什么你们还不拆倒那座糟糕的路易斯·康式建筑？窗户都被锡纸覆盖了，我听到一些研究员抱怨楼里的走廊过窄，外露的通风管还会进灰等诸多问题。"而这位院长却回答道："我们都超级喜欢这幢建筑——虽然人们通常会抱怨不得不使用防尘的推车，但是整个建筑的功能性很强，内部有很好的光线，且公共和私人的空间进行了很好的分割，所以，实际上那里是一个非常人性化的空间。"

所以，路易斯·康就是这种谜一样的存在。50年过去了，我仍旧能从这位个头不高但是极其伟大的男人身上学到很多东西。由于工作的需要，我去过很多地方——东南亚、日本、中国香港、莫斯科——做过不同尺度的设计，包括住宅、居住区、乡镇、城市以及乡村规划。也接触了各行各业的客户，从集团公司到社区居民集体。我很少固定在某个地方工作，总是处于一种游历四方的状态，也没有固定的建筑风格。但是不管在哪里，做什么，我的这一生一直在探索路易斯·康所倡导的秩序，在思考的同时进行学习，先有"想法"再生成形式，在设计中探索功能、材料、流程以及人和制度之间的关系。

15. 重中之重：概念、比喻和传说

路易斯·康在伯克利山断层处所做的设计，将建筑从割裂的土地上升起的做法，其实是一种比喻的设计方法，具有很强的概念性。尽管这个设计并没有得以实施，但是据我所知，这是路易斯·康的作品中比喻性最强的作品之一。路易斯·康的这种设计手法给我留下很深的印象，采用类似手法的还

有景观建筑师格兰特·琼斯（Grant Jones），他曾在华盛顿东部的平原上设计过一个公园，灵感来源于一只他幻想出来的雄鹰，从而设计了一个池塘，周围有一些石子代表美洲当地居民的传说故事。我也曾采用过类似的手法，基于一些故事传说来进行设计。

最有趣也最被欣赏的是圣荷西的中央公园项目，我将当年遗留下来的西班牙自流井、农田形成的网状图案，以及当年用作果园、现在用来提炼硅胶的位置，进行了比喻性暗示设计。在弗雷斯诺（Fresno，美国加利福尼亚州中部一城市）的一座博物馆建筑竞赛中，我也曾以当地特有的文化背景——美洲当地居民、中国劳工、农业移民、原西班牙农场主和当代的企业农场员工——作为设计的灵感。

16. 路易斯·康做了什么，我学到了什么？

是路易斯·康让我们走出了单纯"做建筑"的学习模式，开始从光线、结构以及比喻传说的角度来思考形式的本质。大部分人并没有意识到，当年路易斯·康之所以在孟加拉国首都达卡市的荒地上，设计了两个相对的议会大楼，其实是将其比作了两只相对的猛虎。就我个人而言，我其实从"学校之外"的路易斯·康，而非"工作室里"的路易斯·康身上学到了更多东西。在我人生过去的50年里，路易斯·康所教会我的东西，影响了我的建筑实践、教育和写作，而且至今仍在影响着我。不久之后，我将去中国接手一个大型的综合体建筑项目，在动身之前，我已经开始问我自己："如果是路易斯·康，他会怎么做？"如今，画图的时候，我的手已经开始不稳了，但是我仍旧会坚持握着我的笔，一路画下去。

三、路易斯·康的声音

理查德·托马斯·里普（Richard Thomas Reep），1962年研究生班

我是在20世纪50年代的时候，在明尼苏达大学接受的建筑学本科教育，当时主要教授的是现代主义风格建筑。我也十分认可这种全新的、具有独创性的建筑风格新世界。现代主义摒弃了旧时代的形式和意向风格。现代主义风格建筑的墙体和屋顶都需要具有功能性的实际用途，不再要求身份或是社会地位的象征作用。现代主义提倡利落简洁、体块秩序性强的立面形式，所呈现的建筑往往反映出民主社会的特点。

由于现代主义建筑缺乏对情感和感性因素的考虑，所以建筑形式开始变得单一乏味。人们逐渐意识到这一问题，于是20世纪60年代的时候，一小部分建筑师开始效仿车身设计的造型师，在建筑外部设计一些装饰性的形状和形式。尽管这一类型的建筑对公众有一定的吸引力，但是却缺乏实际意义。

我在本科时期的艺术老师瓦尔特·奎尔特（Walter Quirt）曾质疑过现代主义风格的理性主体思想。他从抽象派到印象派的油画作品探索理性和感性之间的矛盾性。他发现，从一个艺术家的角度来看，理性思维指导下易产生直线，而感性思维易产生曲线。他在作画的过程中，最开始的几笔一般都是毫无目的的曲线和色彩，而此时起主导作用的，便是感性。而随后在理性思维下，进一步生成的形式，其实主要是出于交流思想的目的。对于我的这位老师来说，现代主义建筑的基础是过于死板的理性主义，因此往往会给人一种负面的情绪。他的这一研究让我开始重新思考我一直以来被灌输的现代主义风格建筑思想。我希望能从整个设计过程中发现一些更深层次的问题。

本科毕业后，我先后分别申请了哈佛大学、麻省理工学院和宾大的研究生课程。波士顿周边有名的学院，以及我的同学毕业的那些院校，我也都有所耳闻。我最后选择了宾大是因为宾大当年有着较高的学术地位，同时提供

给我一份颇为丰厚的奖学金。我是在1961年的4月份入学的，当年《先进建筑》（Progressive Architecture）还专门发表了一篇简·C·罗文（Jan C. Rowan）写的名为《想要成为，费城学院》的文章。我也很高兴，同时也很感激，来到宾大以后，自己能有机会学习到我的艺术老师之前跟我描述的、以感性和深度为基础的设计理念。我知道我选择了正确的学校。跟路易斯·康在宾大共同学习的九个月里，我进一步了解了整个设计过程的真正本质，这也是我一直在探索的问题。路易斯·康是一个有着哲学根基的现代主义建筑师。

我主要是通过罗文的文章和路易斯·康所教过的学生的口中了解路易斯·康的哲学思想的。同时我也从宾大提供的其他理论课程中进一步学习他的思想，尤其是从伊安·麦克哈格的"人与环境"（Man and Environment）以及罗纳多·久尔格拉的"建筑理论与评价"（Theories and Criticism of Architecture）中。这两门课让我了解到许多其他思想家的哲学观点。总体来说，宾大的人文教育极其出色。尽管他并没有在课堂上明确地提到罗文文章中所说的设计语言，但是路易斯·康所做的每一个设计以及他说的每一句话，都体现着他特有的设计哲学。正是他的这种哲学思想，让我学会从知性的角度来分析整个设计过程，并且从此爱上了这种方式。

从宾大毕业后，我回到了圣保罗从事建筑实践工作。奇怪的是，就算是一个极其简单的项目，对我来说也变得十分困难。因为每当我要落笔的时候，脑海中就回荡着路易斯·康那温柔、睿智的声音："你思考了这条线的意义了吗？为什么你要使用这种材料？还有没有其他的解决方法？"我在路易斯·康的课堂上所学到的那种不断探索思考和对本质的追本溯源的精神持续影响着我。我意识到我需要消化一下这种情绪，于是我决定重回学术领域。

1. 教学工作

在 1963 年的秋天，我加入了哈兰·麦克卢尔（Harlan McClure）的团队来到克莱姆森建筑学院（Clemson School of Architecture）教书。院长 McClure 曾是我在明尼苏达念书时候的老师。学校的教学工作让我有时间开始认真思考路易斯·康的设计哲学，并且从我自己的角度来重新诠释他的思想。苏格拉底式的教学方法要求老师必须具有一定的人格魅力和足够的能力，甚至有些人认为还需要像路易斯·康那样的神秘感。因此，这种教学方法并不适用于我在克莱姆森的教学工作。

克莱姆森建筑学院遵循的是传统的本科生工作室制度。当时，学校还提供了一个五年制的建筑学硕士专业，多了一年的设计工作室课程。我接受的第一份工作，就是和两位同事一起负责 40 个三年级学生的设计课程。前几年的时间里，我的同事和我主要采用了传统的建筑教学方法，在整个学期安排 2~4 周的建筑设计任务，然后通过评图的方式打分。授课过程中，主要的互动方式是到学生的制图桌前看图。有的时候，我会向学生提出一些研究性的问题（一些学生认为我在问这些问题的时候像一个辩护律师），试图激发学生的设计兴趣。我给学生的评语，主要是为了帮助学生更好地理解自己所设计的形式，是否正确地展示了自己想要表达的意图。如没有做到这一点，学生需要重新思考建筑的形式、设计的目的和他们的解释方式。

我一直比较同情这些公立院校出身的学生（和我一样）所采用的简单，有时甚至幼稚的表达方式。所以在评图的时候，只要是认真画图的学生，我一般都会尽量避免过于严厉的评语，毕竟我跟他们都有着相同的经历。我从来不会公然提倡某种设计风格，比如包豪斯或是路易斯·康式建筑。在宾大读书的那几年，让我学会从更宏观的角度来思考建筑的问题。毕竟，三年级的学生太小，所以不应该强行灌输他们某种特有的思想。

在我的教学过程中，我确实会时不时地流露出"路易斯·康式主义"。

当时克莱姆森建筑学院的教职工中，有数位都是宾大毕业的，我们都会特别注意不要过多地提到路易斯·康。我必须承认我就被发现过一次，在上课的过程中不停地重复路易斯·康曾说过，台阶不能只做一个。我的一位宾大同学刚好听到了，自然还开了几句玩笑。

在随后的几年里，我开始尝试一些短时段的练习题目，从而通过实践而非理论课来教授学生设计的技巧。有一次我给出了一个高层的设计题目，也是三年级的学生比较喜欢的一种建筑类型。在课程伊始，先是介绍了一些可行的结构形态，然后是作为基本的结构分析原则。共同的设计要求为建筑面积为 10 万平方米，且总共 10 层，然后每个学生需要选择一种特定的结构材料（钢或是混凝土），土地类型三选一，需要说明横向支撑方法，容积率，以及中心还是核心筒结构。几乎没有学生选择了完全一样的设计条件，同时结构设计方面几乎不需要提供太多的辅导。整个设计时长为一周，最后评图时，要求出一个固定比例模型。

学生很快就有了自己的发现。建筑本身是具有重量的，而且分水平和垂直两个方向，而建筑的外形会对力的分配起到辅助或是阻碍的作用。且地基的承载力也会对形式产生一定的影响。在最后评图的过程中，学生需要列出每块基础的荷载数，从而为他们的基础设计作支撑。

第二个时长为一周的练习也是以相同的方法进行，主要关注环境控制方面的问题。两个练习题目都没有考虑建筑的外形以及其他"建筑方面"的因素，而是通过实践分析得出了富有创意性的建筑形式。这些练习题目有效地帮助学生理解结构和环境控制方面的问题。同时也证明了，可以通过结构练习的方式来教授学生创意设计的方法。在随后的几年里，我们一直重复着这种练习方式。

在 1967 年的时候，建筑学院将 5 年的课程转变为 4+2 的结构。而我主要负责本科教学的设计课程大纲安排。与传统的基于案例分析的教学方法不同，新的教学大纲强调的是设计的整个过程。这种教学理念主要是基于上述控制性练习的经验，以及对设计过程理性分析的结果。主体思路是将设计过程分解成三个部分或是三个方面：资源、行为和需求。我个人将其称为资源、回应与现实意义。在 1968 年秋季的一次讲座中，向大一和大二的学生介绍了这一新的教学理念，并且在同年春天出版了《克莱姆森建筑学院学期计划书》(*The Semester Review of the Clemson School of Architecture*)。下面是这次讲座的开场语：

  如果你清楚地意识到自己处于一种饥饿难耐的状态，那么此刻的你一定十分渴望食物。如果你面前的桌子上刚好有面包、奶酪和一把刀，你一定会做个三明治来填饱自己的肚子。那么此时你便会主动加入到整个设计过程中来。面包、奶酪和刀就是我们所说的资源。制作三明治这种行为是一种回应，而吃下这个三明治从而填饱肚子便是整件事情的现实意义。而这三件事情对于设计来说，缺一不可。

  在这次讲座中，回应行为被看作是一种典型的解决问题的过程（定目标，选型等）。资源对于设计师来说就是一个调色板，通过创作将结构、环境与人文融合在一起。现实意义即现实价值（从个人、家庭到社会、历史再到精神层面），让设计者能够随时记得意识的领域或自己设计的目的。

  因此，整个"设计单元"方块包含以下三个空间维度：事实（资源）、行为（回应）和价值（实际意义）。教学大纲根据上述内容定义了 8 个类型的问题：其中三个根据某一单一维度的需求设定，还有三个的题目设定囊括了两个维度的需求。类型 1 同时考虑了三个维度的特点，但是深度较浅，所以是一个小方块。类型 8 是一个较大的方块。根据这 8 个类型设置设计题目或是练习题目，供每个设计工作室进行选择。选择时都遵循从简到难的原则。

学生需要清楚了解这种培训方式的教学目的。

需要先成立两个资源类工作室——结构类和环境类,而人文可以随后加进去。在上述框架的基础上,逐渐发展出成体系的理论知识,供所有学生通过理论课、实验和演示的方式进行学习。每个工作室都有潜力形成一个建筑类的研究中心。讲座在结尾的时候说道:

本科期间所教授的设计课程,其中一个目的在于培养学生了解设计资源的内容,让学生清楚成体系地了解相关因素,从而了解如何应用。另外一个目的,就是教授学生解决问题的方法,以便学生在未来的工作中,有能力解决建筑以及环境设计项目中所出现的问题。我们教育的目的在于让你学会如何成为一名设计师。运用这些解决问题的技巧和方法,我相信你们一定可以学会学习。同时,你们也会经历不同尺度的项目,体验视觉沟通的方法。而在研究生阶段,主要是自学、探索和研究分析问题的工具,从而让学生自己发现问题,解决问题。

整个大纲的宏观目标,是开发学生通过设计表达人类需求和诉求的能力。设计,是一种强有力的工具,而学生需要学会的,就是如何使用它。

我和学院的另外两名教师,在1968年的秋季,在大一和大二的设计工作室中开始应用上述教改大纲。先是进行了一些周期较短且具有一定限制条件的练习项目(大纲类型1~4)。二年级的学生主要进行类型8的设计——为日托中心设计一个幼儿操场。尽管项目在施工阶段并没有成功,但是坚持到最后的班级取得了不错的科研成果。学生们不仅学习了设计过程,同时也意识到了大纲中所使用的这种解构课程体系的意义。

在随后的一年里,我离开了学校并且投身到另一个城市的建筑实践工作中。我离开之后,我之前的同事们继续实施着这套新的教学方法。我的家人同我一起搬离了克莱姆森这个小镇来到城市开始新生活,我加入了位于圣路易斯市郊的克莱顿的一家小公司。几年之后,我又来到了一家位于杰克逊维尔市(美国佛罗里达州东北部一港市)的稍大一些的公司,直至今日。

2. 实践工作

不管是作为老师还是建筑师,路易斯·康都很好地启发了人们的思想。当年还在路易斯·康的研究生班念书的时候,有一天晚上我们获准去参观他的事务所。那时候他经常要出差,所以耽误了一些课程,所以他特意邀请我们课后去他的办公室,请他帮我们看图。当他看到我们都带着自己的草图出现在他的工作室的时候,明显看出了他的抱歉。他可能当时正希望能做一些自己的工作。在我等待他给我看图的时候,我借机参观了一下绘图室。其中一张图板放着的正是布莱玛女子学院寝室楼前期的设计(Bryn Mawr dormitory,美国宾夕法尼亚州著名女子学院)——一个有着三个串联的正方形的建筑。那是一张典型的平面图纸,每个正方形内部都明确地划分好了和外墙面相垂直的房间墙线。在另一张图纸上,也摆放着一张相同平台的图纸,但是这张图纸上建筑内部的墙线和正方形的对角线平行。很明显,这些图纸表明路易斯·康在确定了建筑的主体形态之后,并没有明确内部房间的朝向。这种情况很正常。只不过如果是我,我可能只会绘制一些样本房间,而不是将整个平面都绘制出来,除非路易斯·康要求我这么做。所以,很有可能是路易斯·康的员工很长时间没能见到他,也没有其他任务,所以就全都画出来了。

有一天上课的时候,路易斯·康跟我们谈起了布莱玛女子学院寝室楼的平面设计过程。在最开始的时候他便决定采用三个正方形的平面形式,但是却不知道如何将它们连接在一起。一开始的想法是用走廊将它们边对边地连接在一起,但是这种做法会导致廊道有明确的长和宽,而且也会出现廊道直接穿入建筑的核心位置等问题。于是他决定将三个方形都旋转45度,这样每个正方形就可以通过角点的位置相连接，从而取替走廊。

说到这里我想到另一个故事。正常的连接形式通常比较简单易懂，但是却往往显得比较刻意，具有"人为痕迹"，需要明确连接部分的长宽，以及进入主体部分的方式等问题。用赖特的话讲，这种做法往往会丧失设计的"有机性"。而设计出完美的自然连接关系，往往是体现一个建筑师是否具有整合能力的关键，也是整个设计的关键。而这也正是路易斯·康在设计布莱玛女子学院寝室楼的时候，最关注的问题：最初的概念是希望这个建筑能有生长的感觉。从那之后，我设计的重点就是如何建立这种完美的有机关系——"形式可控"的关系。

我在不同类型的建筑类公司进行着我的建筑实践工作，包括设计、项目管理、技术实施和公司管理。在我看来，设计是建筑实践工作的一部分。像路易斯·康一样，我在不了解主要使用材料的情况下是无法开始着手进行设计。但是和他不同的是，我只有在主题结构框架和预制建筑墙板的部分才会使用到混凝土。路易斯·康钟爱的中世纪风格的建筑形式和体量并不适用于当代商业项目。

在克莱姆森的时候，我曾为一对年轻夫妇设计过一幢住宅。在设计这个项目的时候，我从两个方面借鉴了路易斯·康的设计经验：首先，最初的设计方案才是最好的选择；其次，只有通过反复设计才能将生命力榨取出来。我之所以得出这样的结论并不是因为我刻意向他学习，而是在设计的过程中，逐渐理解了其中的道理。

这对年轻夫妇当时在克莱姆森附近拥有一块几千平方米的地，内部有大量的树木和丰富的地形。我们将建筑基地选在远离主路的位置，在一个可以眺望一条小溪的悬崖边上。我的整体思路，是想要采用框架和毛石材料混合在一起做结构，再加一些周边的自然石块作为装饰。从这个角度来看，建筑的风格更偏向流水别墅而不是路易斯·康式。客户十分喜欢这个想法，所以我开始拟定招标文件。

结果发现方案造价严重超出了预算，客户无法接受，于是我开始重新设计。来来回回设计了许多次，其中不乏一些有趣的点子，但是都无法和最初的方案相提并论。之后这对夫妇决定养育子女，于是整个设计的外观和布局，包括位置都有了改变。最后的新方案也满足了业主的全部需求。方案进展得十分顺利，造价也在预算范围内，最后住宅建成后，一家人在里面幸福地生活在一起。尽管我并没有自己的员工也没有办公室的花销需要考虑，但是在财务方面，我十分认同路易斯·康的观点。幸运的是我只需要在家工作就可以了。

那段时期做的其他项目都相对保守一些，而且早期的设计方案大多预算都会比较紧张。每当我想要真正地表达自己的想法的时候，我都会选择参加竞赛。我曾参加过位于阿拉巴马州蒙哥马利市的布朗特兄弟建筑公司的总部大楼方案投标，当时甲方对东南部的建筑类院校公开招标。

我的方案主要是以一条脊柱的结构作为主要连接的通道，将公共设施都穿插在一起。员工从主街道停车场的部分进入，穿过舒适性空间后进入办公区域。不同的部门被安置在"边道"位置，与主街相连。不同部分的空间随着旁侧街道系统的展开而形成。一些附属部分布置在主街的延伸部分。所以整个方案的布局完全根据公司部门的组织方式而形成。这种线性的布局方式也给了公司进一步发展扩充的空间，用路易斯·康的话来讲，就是整个建筑的形式。对于屋顶部分，也采用了路易斯·康式设计的预制混凝土屋面结构。而在材料方面，选取了混凝土和混凝土砌块，符合建筑公司自身的特点。

我在位于佛罗里达的 KBJ 建筑师事务所做的第一个项目，是 1974 年的海洋公园总体规划，包括一个剧院和一个酒店。我们当时主要设计的是公园的扩建部分，主要为场馆内著名的海豚提供新专题节目的表演场地，并为鲸鱼和（神奇的）河马提供表演场地。尽管后期由于经济问题，也因为和海洋世界和迪士尼项目竞赛的缘故耽误了项目的进度，但是最后酒店和 3D 影院的部分还是得以顺利施工。

酒店的设计理念主要以环境为主,灵感来自当地的滨海地貌,海洋公园周边主要以沙丘和介壳石为主。在路易斯·康的影响下,我追随着滨海沙滩的足迹开始探索建筑的形式。主要的空间都聚集在海岸线处,像沙丘一样围绕着建筑的核心,完全摒弃了一个"建筑"传统的形式。

在 1977 年的时候,KBJ 事务所受托在杰克逊维尔市为佛罗里达州立学院(Florid State College)设计肯特校区,整个校园位于一系列小尺度的楼房中。我当时负责带领整个团队,并指导这个项目。整个设计的概念来自高大的树林,希望能为学生提供舒适的学习环境。在中心位置设计了一个拱廊式的商业街作为设计的主题。基地范围并不规则,所以通过商业街作为核心来激活周边建筑周围的可利用空间,既有的建筑以及大量珍贵的树木都被保留了下来。尽管并非刻意模仿,但是由于受到了路易斯·康的影响,所以自然而然会把砖看成是一种起到整合作用的建筑材料,就像路易斯·康的唯一神教派教堂设计的做法一样,用砖将两层建筑整合在一起。

在 20 世纪 90 年代末期,我受邀在杰克逊维尔市北部的一个小镇里,为一个天主教教区建造一个新的教堂。我多次咨询当地牧师列夫·拉尔夫·贝森弗弗(Rev. Ralph Bessenforfer)的意见,希望能够尽可能地表达出他个人以及当地信徒的信仰精神。信徒们从副堂(会堂)进入教堂正厅,然后在仪式结束后返回副厅进行交流。拉尔夫神父不希望信徒们有从祭坛后面进出正厅的感受。因此,讲台和祭坛的位置被放在了正厅的中央,对于天主教来说,这种做法十分罕见。人们围绕着中心的祭坛坐下,将"前"与"后"的关系转变成了里与外的关系。侧翼屋顶相交处的地方,也是祭坛的正上方,一束天光射入教堂内部。

设计采用了传统教堂的形式和母题,并且将当地之前教堂的彩色玻璃窗保留了下来。从整个设计的平面发展以及整体的秩序上,可以看到路易斯·康对于我设计方法的影响。

多年前我还曾负责过一个高端度假酒店的水疗中心的扩建项目,这个项目也体现了商业化时代对于复合功能设计的需求。项目位于室外游泳池的周边,这个设计方案是通过棚架和水景元素扩展了滨海一侧的休闲主题,因而升级了水池的景观。

水疗中心和教堂等其他项目,都是由我从头到尾进行主持,偶尔会有工作室其他同事进行辅助完成的。从这一点来看,和路易斯·康的设计方法还是有所区分的。路易斯·康和其他知名设计师一样,其实主要负责出概念,然后由工作室的其他人进行深入设计以及结构施工。在概念形成之后,路易斯·康只会在一些重要的时间节点上查看这些项目的进度或是解决主要矛盾。这种工作方式有利于承接大量的工作从而维持事务所的运转。但是也存在一定的缺陷,无法保证全部项目的质量,容易出现细节监管不足的情况。单人工作模式可以让设计师一次只专注于某个项目,避免存在分歧。像 KBJ 这种规模的建筑师事务所,既能满足单人工作的需求,同时在承接大型项目的时候,也可以根据需要组建多人的队伍进行共同设计,我也曾数次领导过这样的团队进行设计。

3. 传承

路易斯·康的伟大之处,在于将感性、诗意与对人类愿望的尊重和建筑结合在一起。他有深厚的建筑基础,同时擅长制图与绘画。我非常欣赏他的设计作品。也是由于受到了他的影响,我才有了今天的成就。我很幸运,能在 1962 年的时候来到宾大,成为他所指导的研究生班里的一名学生。与他面对面的交流,让我受益终身。其中,最大的收获应该是通过跟这位哲学大师的直接接触,聆听他的教诲,感受他的设计,建立了一种自信。在过去的 50 年里,在他之后又出现了许许多多不同的声音。值得庆幸的是,尽管存在这样那样的分歧与争议,路易斯·康的声音仍旧传递给了一代又一代的人。

四、学习,实践,秩序,反思:职业生涯的循环
马克斯·A·鲁滨,1964 年研究生班

Let us now praise famous men……
That have left a name behind them,
That their praises might be reported.[1]
让我们一同赞颂那些伟大的人……
他们的名字将被融入历史,
对他们的赞颂之词将被世人所传唱。[1]

毋庸置疑,路易斯·康既是一位杰出的设计师,更是一位德高望重且被世人传颂的传道、授业、解惑之人。正如本篇开头引用的那段话一样,路易斯·康作为一位伟大的建筑师兼教育家获得应得了的赞颂,并被世人传唱。而我们这些在 1963 年秋季来到宾大进入他的研究生工作室的学生,更是对此深有体会。学习生涯中的种种境遇引发了我们许多人改变命运的局面,也在塑造我们的未来人生中扮演了重要角色。回想起来,对于路易斯·康的学生而言,他最伟大之处,在于教会了我们不断质疑设计问题的思考方法。他教学的过程就是质询的过程,通过不懈的倾向探测,不断坚持探索关键点,不断探索普适性问题。我们从他的至理名言"事物自己想要成为什么",以及他所提出的"第 0 卷"的说法中,都可以看到他对事物本质的追求。通过对事物本质的分析激发设计概念的生成。所以整个思考方法的发展包括对事物本质的思考角度,对其本质的研究探索,以及总结以上内容所建立的参照标准。

如今,回看我过去这些年从事的建筑实践以及教育工作,可以清楚地看到路易斯·康对我事业的影响,让我更加崇拜他作为一位教育工作者的伟大

之处。我个人也曾从事过建筑实践和教育工作，但是却没能做到像他一样上下求索，也没有他那种伟大的思想，不过，我做到了追随他的脚步，倾尽所能地钻研我所考虑的事物。对于我来说，学习他的教学理念，最重要的无疑是掌握路他的思想，尽管我花了一生的时间努力做到这点，但是我仍旧不确定我是否真正做到了。

在路易斯·康传授的各种设计理念里，我个人对于秩序性的印象最为深刻，它对我的影响也最为深远。秩序是一种和谐、统一以及整体的状态，体现了事物存在及其本质所需的定性条件。所以说有秩序方能存在，它将事物"黏合"在一起，它是世间万物的"存在意识"。正是秩序，决定了事物"想成为什么"，以及是否能够存在。秩序反映了构成事物所需的元素之间的整合度，也就是说，不同部分作为一个整体共同运转的能力。好的秩序是高品质的组织关系的保证，是所有事物之间的结构所依据的内部形式逻辑。任何事物的生长都必须以秩序作为根基，并且在成长的过程中逐渐形成更好的秩序。

通过对绝对完美以及彻底混乱或无序这两种对立极端的思考，凭借对一定程度的相似性的塑造，秩序性得以形成。有人可能认为，任何设计只要经过几轮推敲，进一步地发展都会形成一定的秩序性；但是对我而言，秩序理念往往在开始设计之前就占据了我的思想。秩序是自然发展的一部分，是人类社会活动的体现，是对生活的向往与追求。由于秩序具有极为广泛的应用以及参考价值，所以它可以从宏观角度赋予任何事物和思想以价值。任何存在的事物皆有秩序，不管是物质的还是精神的，因此，秩序对我来说有着至高无上的地位。

当我到了宾大时，路易斯·康已经在这方面有了一定的研究基础，并且正在进行深入的探索工作。他早在 8 年前就曾发表了《道者》（*Order Is*）一诗，而且和这一概念相关的一些思想已经渗透到他的设计和教学工作中了。

虽然他经常会提到秩序一词，但通常是将秩序作为一种基础背景来阐述一些其他观点。对他来说，对于秩序的理解是一种基础或是前提，所以如果你想要在他的教学过程中了解这一概念，必须要认真听讲、仔细思考、多方探索。从第一节课开始，我就试着努力做到这一点，然而我却花费了半个世纪的时间，才得出上述结论。

1. 对我职业生涯的简要总结

在我剖析路易斯·康对我的职业生涯影响之前，我认为有必要先大致介绍一下我的从业经历，以便作为后文分析的背景。我的职业生涯主要是建筑实践和建筑教育两部分工作交替进行的，根据条件需要，有时这两部分工作同时进行，有时单独进行。甚至当我在德州奥斯丁市的德克萨斯大学读研的时候，我也一直坚持教学与实践同时进行。我知道很多像路易斯·康一样著名且成功的建筑师，包括我所在学校里面的一些教师，都希望自己既能进行建筑实践也能涉猎教学工作。不过我并不了解的是，在这种努力中所需要的转换以及其所意味着的困难。我曾以为在学校教书是一个遥不可及的梦想，但是我在临近毕业的时候，便得到了一份在堪萨斯大学（KU）建筑系任教的工作。

我是在1964年春季的时候离开宾大的，随后在堪萨斯大学待了三年，期间我会在夏天的时候去奥斯丁、阿斯本和威奇托等地的建筑公司从事一些实践项目。我在1967年的时候搬去了诺克斯维尔，就职于田纳西州大学（UT）新建立的建筑学院，正是在那里，遇见了罗伯特·丘奇（Robert Church，日常简称鲍勃，Bob）。鲍勃曾就读于普林斯顿大学，当时恰逢吉恩·拉巴蒂（Jean Labatut）休假，所以路易斯·康作为代课老师，在那里上了一年的设计课。当时田纳西州大学的学院院长是比尔·莱西（Bill Lacy），他将我和鲍勃分配到一组负责指导三年级的设计。后来我还加入到丘奇的建筑工作室，在接下来的整整五年里，我直接经历了很多项目的实践和学院的几次变革。

不幸的是鲍勃却在1972年的初夏始料不及地英年早逝。那时公司已经走上正轨，所以我决定离开学校，将全部精力投入到建筑实践工作中去，并成为股票持有人。我在1981年底的时候，加入了一个新兴的小型风投项目，因为这项投资看上去具有很好的个人潜在收益。最开始项目确实发展得很好，上升势头十足，然而到了20世纪80年代初期，却出现了经济大萧条，于是项目也出现了一些资金上的问题。在1983年秋季的时候，我再次返回田纳西州大学，以个人的方式仍旧进行着一些实践工作，有时也会以独资企业的身份加入一些风投项目，不过都是兼职的形式。

直到这个时候为止，教学与实践相结合的道路一直是相对简单、易行并且合适的。但是回归学校之后我才发现，大学院校方面的工作需求量大大提高，这两个本应互补的追求，很难再保持平衡，甚至很难衔接。一个人进行建筑实践工作的方式也会给我带来很多限制，比如项目的尺度以及工作的范畴。所以在20世纪90年代初期经济衰退的时候，我更多地将我的精力放在学术工作上面，进行学术理论文章的撰写和专题讲座的举办——主要研究建筑空间与场所方面关于视觉现象特点以及设计原理本质的内容。而且当我在1997年秋季被任命为学院的主任的时候，教学工作方面的负担更沉重了。自从任命之后的十年里，我几乎把全部的精力都花在了学校里。在2007年秋天，我重新回到了学校当一名全职教师，并且开始为退休做准备。在2010年夏天的时候，我便正式退休了。在离开学校之前，我就开始尝试一些创造性的活动，来弥补即将出现的由这一调整带来的创造性活动所带来的缺乏感，我重新开始进行手绘和水彩画的创作，以便填补退休后大量空闲的时间，直到现在它仍占据着我大部分的精力。

2. 实践工作

在上文中已经按照时间顺序介绍了我的工作以及学习经历，因此在下文中将直接从工作类型方面进行评论。首先我想要谈一下我通过观察对于实践工作产生的一些理解。简单来说，建筑设计是一个从展开想象到理清秩序的过程，而秩序是通过空间、结构和建筑形态之间的组织关系体现出来的。我接触过的所有建筑项目，都需要根据场地的既定资源与限制因素，以最佳方式将不同的元素组织在一起，并且形成具有一定秩序性的体系。它们包含许多智力游戏，由空间、目的和方法等方面缠绕而成，这几方面的复杂性、比例和相互关系在不断变化。

我在遇到路易斯·康之前从本科教育所接受的思想，影响了我的建筑实践中一些更为基础的动机。首先，最重要的是作为一个建筑师，你的设计要考虑到整个方案的运作。如果你要设计，必须考虑到方方面面的内容，而且你设计的全部内容需要符合既定的设计目标。需要说明的是，设计并不仅仅是为了创造一些吸引人视觉注意或是感兴趣的东西，设计是一个最大程度解决问题的过程，一个好的设计应该能够成功解决场地内部的矛盾。在我刚开始接触实践工作的时候，好几年以兼职的身份在一家2~3人的小工作室里工作，其中一人是我的本科教授。也正是此时我突然意识到，设计过程总是从设计理念延伸到建筑落成。同时我也了解到建造技术和施工的重要性，因为这些内容往往是决定项目最终效果的关键，所以在设计阶段就必须要进行仔细考虑并纳入任何工程的解决方案。

通过和路易斯·康以及鲍勃的交流，我发现了怎样处理这些问题，以及在这些方面该追求什么。技术、产品和设计之间的联系，材料和装饰之间的联系，柱与墙的本质，管道、风道和出口的位置，这一切都在我于时间中实际操作时实现了意义。在任何一个设计项目中，我都会积极充分地考虑概念和工程两方面的解决前景，尽可能做到两方面的高度整合。因为我致力于在设计的时候，同时顾及功能复杂性和技术标准两方面的内容，公司里的同事戏称我为"技术设计师"，不过不管最终结果好坏，我都坚持遵循这种设计原则。其中较具代表性的作品有生命科学研究中心、兽医设备用房、护理学院、田纳西州大学的学生健康中心，荣民医院的多学科医疗服务实验室、田纳西流域管理局（TVA）和播音公司的两幢工程实验室综合体，以及数家医疗公办机构。我也曾设计过大量的集合式住宅开发项目和几个办公楼项目，也曾投资过各式各样建筑行业的商业项目。所有这些工作经历，让我得以深思在设计实践中我正在制定的秩序性概念。

总结这么多年的实践工作经历，其中还是有一些比较成功的项目：一个小型的谷仓式的博物馆，主要收藏阿巴拉契亚（Appalachian）手工艺术品，场地位于乡村州立公园内，周围有一些需要包括的建筑结构，且临近田纳西流域管理局地标建筑；位于肯塔基州东南部一个采矿社区内的当地银行总部；学院之间为了举办网球比赛而建的网球馆等相关辅助设施；田纳西州的诺克斯维尔大学农业工程学院的教学设施项目设计。上述的所有项目均已建成，其中兽医学院综合体是程序最为复杂也是技术难度最大的一个项目，同时也是体量最大、预算最高的。每一个项目都有自己的特点而且都有各自的条件限制，因此他们所展现出的秩序也都各不相同。我的一位同事曾对网球馆项目给出如下的评价："可以感受到它特有的气场。"

不管是最简陋还是最严苛的环境，都有其自身特有的秩序可循——事实上，正是因为秩序的存在，才让设计可依有循。经费不足或是缺乏资源都不能作为设计平庸缺乏想象力的理由。路易斯·康在特兰顿市（Trenton）设计的浴场项目，其地形毫无特征且困难重重，但是他还是赋予了建筑极高的秩序性。作为设计师，我们应该拔高我们的设计目标，不管所处环境如何，也不管是出于何种目的，都应该尽自己所能将设计做到最好。每当似乎存在一些不得不考虑的问题时，比如应急或经济方面，人们总是趋向于接受设计质量上的不足。然而不应该因为朝着阻力最小的路径向下滑，从而导致平庸。

3. 学术工作

在剖析我的教学工作之前，我认为应该先说明一下我在学术工作方面的追求，毕竟这部分工作占据了我职业生涯的后半程。路易斯·康对"第0卷"的追求，以及他对事物本质或是事物"想要成为什么"的追求，成为我学术研究的灵感，也是我教学工作的主要成果体现。人的一生是一个学习的过程，只有不断探索，才能有所成就。虽然我并没有太多公开出版或是广为人知的著作，但是我在学术方面的努力，还是颇有收获。这一点和实践工作类似，很多项目往往并没有得以实现或是未能完成。

除了路易斯·康之外，挪威建筑师诺伯格·舒尔茨（Christian Norberg Schulz）出版的著作以及他在书中提到的一些设计方法都对我的学术事业颇有影响。在他的思想理论启发下，我不仅找到了将实践工作与学术理论相结合的方法，而且他对他作品的解读，也理清了我对路易斯·康的教学理念的理解。在我最需要的时候，为我指明了新的学术道路方向。在我研究舒尔茨和准备视觉设计理论课程内容之间，关于建筑空间、场所及其相关意义的话题，我写了一些文章，在一些学术会议上进行演讲并出版了学术出版物。我所带的班级以及设计工作室，也经常会借鉴路易斯·康的设计作品以及教学方法。

其中一个课题的研究周期较长，最后发表了一篇名为《空间制造的基本要素》（Space-Making Fundamentals）的论文，阐释了从建筑角度定义、组织和理解空间的方法。尽管文章的最终结论比较具有普世性，但是却提供了很多一手的资料，它可以很容易地扩展成一篇相当长的论文。另一篇名为《空间制造：中心概念》（Place-Making: the Notion of Center）的文章，属于理论探索相关内容以章节的形式发表在《场地构造：精神与物质》

（Constructing Place: Mind and Matter）[2]一书中。这些研究，让我在探索空间制造的其他方面有了许多想法，比如边界、领域、路线、目标以及位置等。遗憾的是，我当时并没有继续这方面的研究。另一个没有完成的课题，就是对"第0卷"的探索，主要是对建筑基本形式的研究以及对特殊建筑案例本质的探索。我根据这一课题的内容提出了一个抽象的切入角度，并且写了一部分内容，但是由于该论文主题并没有被接受，所以文章也并没有完成，又是一个未完成的研究方向。另一个自助出版完成的研究课题主要是基于我的一些公开讲座的内容，名称为"……但这是建筑吗？"（……but is it architecture?）这一讲座，作为田纳西州大学"教堂纪念碑讲座系列"（Church Memorial Lecture Series）被存档。我还曾根据这些内容写了一篇名为《探索伟大之处》（Searching for Significance）的论文，主要是我对于一些建筑基本理念的总结，以及这些理念的借鉴意义。尽管这些研究中，仅有一个课题获得我个人学术圈之外更广泛领域的认可，但是我仍能感觉到每一个完成的案例都有较大的发挥余地，并且对我的教学工作都有很大的帮助。这些学术工作也给我个人带来了很大的满足感和学术成就，也是路易斯·康教会我要坚持探索的最好证明。

4. 教学工作

教学工作在我个人职业生涯中占有很大的比重，并且对其他领域的工作都有较为明显的影响。在最开始，虽然时间不长，但是我同时在两个独立的机构进行着完全不同的科研项目。尽管后来我将全部的精力都投入到实践工作中，但是当我再次回归校园的时候，还是见证了建筑学院的进化与改变，也是因为这是一个相当长的进化过程。在这段时间里，我主要负责一个设计工作室的教学任务，采用的是传统和新形势相结合的方法。在教学过程中，我还要讲解大量不同于其他相关的专业科目，但是还是把重心放在绘画方面，其次是建筑理论和视觉基础教学部分。在我的第二轮教学工作中，上文中提到的视觉设计方面的理论内容已经逐步形成，并且放在了我第一年的教学计划中。

虽然路易斯·康是通过一系列的设计工作室教学工作来建立他教育工作者的地位的，但是我并没有这么做。我并没有采用之前在宾大上学时，路易斯·康所提倡的研讨和评图相结合的设计课教学模式，因为我所教授学生的水平和类型与路易斯·康所面对的学生群体并不相同。不过有的时候，我也会组织学生进行小组讨论和评图，但是大多数的时间都是采用一对一的教学方法，俗称"桌前辅导"，然后以提问的形式来激发学生主动思考。对于本科生来说，尤其是刚入门的学生，这种一对一的辅导方式往往更为有效，特别是那时我们已经开始进入个人电子计算机的时代了。在那个学季制年代，田纳西州大学的本科生课程为设计工作室单独设置了一门相关且独立的理论课进行辅助，不幸的是在 20 世纪 80 年代晚期，这种授课方式被换掉了。在我任职的晚期，我试图在本科生的教学工作中，用与设计工作室相关的研讨课程来接替理论课。研讨课程主要是为了介绍理论知识，通过阅读材料进行辅助，让学生针对设计工作室的项目进行分析。这种做法虽然有助于设计课程的进展，但是却需要注意受众群体的选择，比如对高年级的学生更为合适，或是与毕业设计相结合，以使之生效。

我的主要教学目的是学生能够学会批判性思考，并且能够按照自己的想法来进行设计，尤其希望学生能够通过自己的设计理念、发展以及实施设计过程，学会从建筑的角度解决一些实际的问题。在我整个学术生涯中，甚至有几个学期，我出任学院主任一职时，每一学期我都会至少指导一两个设计工作室。根据课程的内容和与其余课程之间的关系，我会安排一些以解决问题为主的设计练习，来辅助学生在设计过程中，学会通过场地信息整理来形成设计理念，掌握所需的能力和技巧，并且具备批判性思考的能力。

我在教学工作中所采取的一些教学方法，也是基于对学生需求的分析或是课程计划的需要。其中一些做法取得了比较不错的教学效果，比如对设计过程的重视——我最初在堪萨斯大学教书的时候，设置了中等级别的设计工作室来教授学生系统解决问题的设计技巧。再有就是在我的整个教学生涯中，对于问题定义和空间策划的间歇关注。这两个对于设计过程而言十分重要的议题，却经常在整个教学计划中遭到忽视。当我结束实践工作重新回到学校的那些年，我开始从不同的学科角度深入探索设计分析和概念表达的教授方法——设计工作室、相应的理论、时事话题以及我当时一直在研究的视觉设计理论课程。最后，我专门研究设计分析技巧在设计工作室和研讨先修课程方面的应用，以及对于纪念性空间和场地的塑造，这也是我在教学和学术工作方面关注的重点。

5. 行政工作

我一共做了十年的学院主任，在我任职期间，需要监管建筑专业课程的安排。学院的行政人员主要需要负责监管学院从上到下的运行情况，但同时，也需要促进它的创造力，辅助一些活动的开展和进行，尤其需要监督其发展过程。主任的主要工作，一是处理学院内务，二是要领导学院发展。而在进行领导决策工作的时候，往往会陷入发展方向和实施方法相矛盾的困境中。是应该为了保证发展方向而采用一种强制性的从上至下的令行禁止的实施原则，还是应该采用一种自由放任的态度来培养大家自主参与共同治理？尤其是当存在一些分歧或是陷入僵局的时候，虽然强制性的做法有时更有效，但是大体上我更希望能够争取大家的意见达成一致然后共同参与。然而，在经历多次院内矛盾和行政工作变动之后，我已不再奢望建立一个秩序井然、同事和睦的建设性较强的世界。

在处理人际关系的时候，我也能看到一种完全不同的秩序性。与设计作品中所体现的物理性的秩序性不同，人际关系中的秩序性是一种不可见力，随时随地影响着人们的精神和社会交流。那时我每天都要和十来个学院员工、上百个学生（包括家长）以及数不清的校友、教授打交道，还要处理和其他学校的人事关系，以及大众关系，因此要通过和这些人的交往和接触来理清其中的秩序关系几乎是一项不可能完成的任务。想要分析这些问题就需要从一个全新的领域重新理解路易斯·康的理念，并且进一步分析评价相关的构成事件和活动，从而提高整个结构的生产力。

6. 结论

我大致将那些我所教过的学生在毕业后的去向分成了以下几类，该分类仅根据我有限的个人观察，并没有进行科学的数据分析或是研究。据我估计，一半人在毕业后并没有直接进入传统的建筑设计行业。虽然很多人仍旧从事着和建筑相关的行业，但是大部分人成为开发商、乙方、工程师、特聘顾问、政府人员以及公司顾问；或是选择以市场为导向的职位，比如构造材料、批量生产和供应商。还有一部分人，从事了一些和教育相关的工作，比如商务、工程、数字媒体和计算机、室内设计、绘图和产品设计、新闻、法律甚至政治。可以看出，建筑专业教育其实可以为学生提供一个较为广泛的就业前景。因为设计工作室不仅培养了学生组织和解决问题的能力，同时也提高了学生更全面的系统性综合分析的能力，为学生在不同领域里取得成就奠定了良好的基础。

剩下那些从事建筑实践工作的学生，我敢说其中只有一半的人最终成了注册建筑师，只有10%的人成了设计委托人或是公司的领导。我根据他们的能力以及作品的质量、知名度、经济地位以及领导能力，主观地进行评价，认为其中有20多人可以算得上十分成功，一少部分在全国范围内有一定的知名度。我之前的一位学生，现在已经和我成为朋友，他是一家较大规模而且比较成功的建筑公司的总裁。在一些公开讲座中，他经常会提到路易斯·康的设计项目、理念或是说过的话，当我在场的时候，他尤为喜欢这么做，但是却经常说错，我想起来觉得很有意思。我只希望其他人可以更好地将路易斯·康的教学理念传授给下一代人，不会再出现类似的情况。有时候，一些过于强大鲜明的思想会持久而深远地影响一个人的一生。

最后，据我所知，一些学生现在在学校教书，但是我并不知道具体有多少人。很多人得到了硕士学位，但是我经常会失去教过的学生的工作线索，除非在学术会议遇见或是在时事通讯上看到某个学生的名字，才会想起来。我唯一好奇的是，现在还有多少人将路易斯·康的思想传递给下一代人。我仅知道和我私底下保持联系的人中，至少有十个人还在这么做，我还曾聘请过其中三个人跟我一同工作。还有一个人是我多年前在学校教书时认识的同事，后来我们二人在实践和教学工作方面都有长期合作。最近一段时间，我还看到他在辅导两个助教，可以看出，他仍旧在提倡路易斯·康的那些理念。尽管这只是单个人的例子，但是我相信这世上还有许多人在做着一样的事情。他们就像是一些不留姓名的路易斯·康的信徒和追随者，将路易斯·康的话语以福音的形式传播到世界的每一个角落，将其影响发扬光大。

路易斯·康的教学方法至少影响了建筑教育领域半个世纪之久，主要就是由于路易斯·康的学生，以及他学生的学生，以一种间接的方式把他的思想和理念传播到了世界各地，以上的这些沉思是为了加强这一主题。我的职业生涯主要由教学和实践工作两部分组成，现在回想起来，不管是在学习还是工作阶段，我其实一直在努力探索事物内在的秩序。正是对事物不断的探索，以及对本质和秩序的不断追求，才成就了我今天的事业。正是路易斯·康，教会了我这些。更重要的是，如今的我，已经开始意识到建筑之美的真谛是对场所的创造、感受的塑造以及氛围的营造。

And some there be which have no memorial,

Who perished, as though they never had been;

And are become as though they had never been born;

And their children after them.

But these were merciful men,

Whose righteousness hath not been forgotten...

And therefore shall not be blotted...

Their bodies are buried in peace,

But their name libeth for evermore.[3]

那些没有丰碑伫立的地方,

对逝者的回忆会随着时间的流逝而消失殆尽;

仿佛他们从未来到过这个世上;

世世代代皆是如此。

但是怀有慈悲之心的人们,

他们的正直将永存于世……

他们的美德将永远被人传唱……

他们的身体被安详地埋葬,

而他们的名字将永远被铭记。[3]

本节参考文献

1 Ben Sirach, Joshua, The Wisdom of Sirach, 40:1; Walker Evans and James Agee, Let Us Now Praise Famous Men (Boston, MA: Houghton Mifflin, 1940), unpaginated title poem.
2 Max A. Robinson, "Place-Making: the Notion of Center," Sarah Menin, ed., Constructing Place: Mind and Matter (London: Routledge, 2003), pp. 143-153.
3 Ben sirach.

五、路易斯·康的人脉

加里·莫伊（Gary Moye），1968年研究生班

路易斯·康经常跟我们说，起源或是开端有着非常重要的意义。我的建筑之旅始于16岁，那时我读了一篇刊登在《住宅与家》（*House and Home*）杂志上的文章，题目为《赖特的三个小型住宅》（*Three Small Houses by Frank Lioyd Wirght*）。从那一刻起，我意识到建筑并非是一种单纯为了满足我们的居住需求而制造的空间，同时也是我们思想和价值的体现。对于那时的我来说，建筑仿佛就是一切。

我于1962—1976年在俄勒冈大学获得了建筑专业本科学历，当时的学院院长是唐林·林登（Donlyn Lyndon）。其他几位对我影响较大的教授分别是菲利普·多尔（Philip Dole）、厄尔·穆森德（Earl Moursund）和戴维·莱因哈特（David Rinehart）。十分幸运的是，当年俄勒冈大学的建筑教育并没有受到当时盛行在学生作业中的一种特有的高于一切的风格的影响。相反，当年学院更注重培养学生对于本质的探索精神以及图示思维的能力，认为有组织、有主题的思考方式才能引发设计的正式进展。

菲利普·多尔让当时还是学生的我加入了他的一项研究课题，记录俄勒冈州威拉米特河谷（Willamette Valley）周围早期村落的建筑形式以及布局形态。菲利普是这一领域的专家，也是我有幸认识的在建筑方面最博学的人之一。他对我的思维以及设计的方式都有很大的影响。当年我和菲利普一起走访过山谷中各种类型的农庄，我开车，他聊天。也是从跟他的谈话中，我才了解到他对于建筑兴趣的深度和广度，以及敏锐的设计洞察力。因此，这次调研活动除了让我了解了当地住宅、谷仓、农场办事处的建筑形式以及部落的分布情况，更让我有机会从菲利普的评论中了解它们的使用方式、发展过程、文化背景以及建造方式。这也是我在俄勒冈州大学学到的重要的知识。

由于我是在乡下长大的，再加上上述的工作经历，因此毕业后我十分向往到西北部做一个现代主义风格的建筑师，尤其是像约翰·妍（John Yeon）和彼得罗·贝鲁奇（Pietro Belluschi）那样，他们设计的现代主义风格的居住类建筑都具有一定的地域性特征。在我看来，当地的环境条件对于建筑的形式应该起到决定性的作用，应该采用天然的材料来与周边的环境保持和谐，而且应该简单，需要直接满足居住性空间所需的功能性要求。

时至今日，那次调研工作仍旧影响着我；亲身体验那些俄勒冈的早期建筑，让我为之动容——尤其是那些谷仓以及其他的附属性结构，完全是基于功能和经济性的考虑而建造的。因此，当我们把这些简单形式的建筑放在一个更宏观的自然环境的背景中时，可以感受到它们强烈的存在感和地域性。民间建筑正是地域性特色比建筑环境的不同设计风格影响更长久的方法之一。对于屋顶形式、悬挂结构以及细节设计方面尤为适用。

我的毕业论文评审人戴维·莱因哈特，鼓励我去宾大就读路易斯·康所指导的研究生工作室。莱因哈特既是路易斯·康的学生，也是路易斯·康事务所的员工，他十分了解路易斯·康本人以及他的作品。而当时的我，对此几乎一无所知。不过当时我确实做好了学习的准备。俄勒冈大学把设计课程作为整个教学计划的核心内容，同时设置了一些软件、建筑史、结构、建筑体系等理论和技术的辅助课程。

我念的是1967—1968年路易斯·康所指导的研究生班，这一届的课程量非常大。最开始大家对于路易斯·康给出的设计问题都感到难以入手：如何理解一个设计问题的基本要素，如何设计建筑的展示形态，以及如何找到恰当的建筑语言来表达。在给学生评图的时候，路易斯·康经常会承认并受鼓舞于一些学生的方案做到了前两点，但是从未认可有人做到过第三点。在我看来，我们的设计要么深度不够，要么所掌握的信息不全，导致无法设计出一个引人注目且足够细致的作品。当路易斯·康在谈论这些问题的时候，我能感觉到他有着自己的选材原则和对细节的敏感性。

路易斯·康的作品和他的教学工作之间有着紧密的联系。这一点从他在设计工作室里给学生安排的作业内容就能看得出来。它们经常是他自己正在设计或是规划的项目，或单纯是他感兴趣的题目。然后你可以从他和学生讨论以及评图的过程中，了解到他的想法。所以对路易斯·康来说，课堂是另一个思考"什么"和"如何"设计一个他正在进行的项目的地方。

路易斯·康教导我们，任何一个项目最关键的问题都是从"是什么"开始，而并非"如何做"。"是什么"这个问题探讨的是人类行为的普遍本质，以及具体建筑任务所内在具有的潜质。对路易斯·康来说，"是什么"永远比"如何做"要重要得多。路易斯·康曾说过，一个做得很糟但是正确的设计要比一个做得十分出色但是错误的设计强得多。尽管路易斯·康强调"是什么"的优先性，但他自己的作品也同时显现了对于"如何做"的哲学与方法的严肃而持久的关注。

我是在1967年秋天时来到路易斯·康的事务所开始设计研讨工作的。当时是文森特·里维拉（Vincent Rivera）为了制作一个场地模型而聘用了我们中的几个人。文森特知道路易斯·康的学生都比较愿意来这里工作，而且技术过硬且对薪酬要求也不高。有一天深夜，路易斯·康发现我们几个还在忙着做模型，当他认出我们是他的学生之后露出十分惊讶的神情。他建议我们不要在这里，应该回学校继续忙自己的作业。

毕业之后，我来到路易斯·康的事务所开始全职打工。很快我就意识到事务所里有一个核心小组，主要是由他们来决定设计的结果。我清楚自己经验不足，但是我却十分渴望能进入这个小组，小组成员主要包括：戴维·威兹德姆（David Wisdom）、马歇尔·迈尔斯（Marshall Meyers）、亨利·威尔科茨（Henry Wilcots）、托尼·佩勒奇亚（Tony Pellechia）以及温顿·斯科特（Winton Scott）。我在事务所里的任何成就，都是通过和这个小组里的人沟通而取得的。当他们发现我能力足够、工作认真且效率很高的时候，会给我一些能够和路易斯·康直接沟通的工作。这些人中，我和亨利·威尔科茨的关系最近，他不仅是我的师父更是我的挚友。

路易斯·康刚开始聘用我的时候，让我去找戴维·威兹德姆。戴维把我分配给托尼·佩勒奇亚，他当时在做韦恩堡艺术学院（Fort Wayne Fine Arts）的项目。托尼正在推进设计总平面中两个建筑的部分：剧院和艺术学院。由于托尼当时在忙于设计剧院的部分，因此让我负责帮助设计学院。整个建筑的平面比较简单，T形的交通流线，工作室分布于T形的茎部，两端连着图书馆和礼堂。特殊的功能要求决定了独有的外观形态，并且布置在T形茎部的两边。茎部结构内部的楼梯需要进一步明确设计出来。托尼让我从楼梯开始入手。刚开始接手的时候，我不太能把握整体形态的尺度，于是我开始看一些案例。有一天，当我正用碳笔在黄色的草图纸上勾勒草图的时候，我感到有人站在我的身旁。正是路易斯·康。我马上习惯性地站起来移到一边，然后他走过来坐在我的位置上。他看了看我在硫酸纸上画的草图，然后把它从纸筒上扯了下来，揉成了一团。然后他抬起头看着我说："我希望你记住，这里只有我可以设计外型。"然后便把我的图纸扔进了垃圾箱。

虽然刚来就被上了一课，但是在路易斯·康的事务所工作，从总体上说还是共同合作的过程。路易斯·康自己是个工作狂，而且他有着明确的设计原则。因此，其他人都有机会高产地参与到设计过程中来。尽管我们都在给路易斯·康打工，但是大家都觉得自己是在和路易斯·康一同工作，而不仅仅是为他工作。路易斯·康的想法往往是我们工作的动力，我们会在此基础上，在设计建筑的通力合作中，一边探索其可行性一边深入。

在我们打工的那段时间里，核心组的多数人会跟进事务所进行的所有项目。几乎每周都会有一个项目进入关键时期。在路易斯·康的事务所工作，所有人就像在同一条船上，不停地从船的一头跑向另一头，以避免翻船。我们的工作时间经常会超过 24 小时，而且即便如此，还是会觉得时间不够用。尽管存在工期有限、缺乏或是拖欠经费的问题，但是我们觉得很值得。因为我们做的是有意义且十分重要的工作。

在为路易斯·康工作的那段时间里，我定期去听一些他在宾大举办的公开讲座。在听讲座的时候，我发现如果我不是他的学生或是员工，我很可能无法理解他所说的内容。多年以来，路易斯·康所使用的语言表达方式，越来越诗意化和抽象化。有一天在事务所里，我问他为什么不使用一些更直接的表达方式，来阐释他的感知力在他作品中的应用。路易斯·康回答说，自己的设计理念要比他自己独有的表达它们的方式重要得多。他担心人们会因为看到他工作方式的局限，而不会关注他所想要表达的理念。他这种间接性的表达方式也成为他自我保护的一种方法。还有一次他对我说，如果你过于引起他人的注意，那么希望你失败的人一定比希望你成功的人多。

尽管路易斯·康的讲座过于晦涩而且语言过于诗意，但是路易斯·康的作品总是具有明确和直白的意义。和路易斯·康一起工作，你会看到他在设计过程中顽强的决心和将自己的修辞艺术实体化的建筑设计能力，是发人深省的。我当时震惊于路易斯·康在设计过程中保持开放且同时不忘初心的能力，现在愈加如是。路易斯·康坚信自己设计的长期效力。因为在他看来，设计是一个不断进化、不断发展的过程，每一个阶段都有适合于该阶段的解决方案，设计师需要做的就是对此深信不疑同时坚持最基本的设计原则。大多年纪较大、较成熟的建筑师，都会给出一定实用主义的限定条件，但是路易斯·康从来不会这么做。不过路易斯·康决非那种异想天开的人，他很善于解决问题，他会在工程指定方法的范围里找到切入点。如果你翻看路易斯·康不同时期的作品，你会发现路易斯·康的设计一直在显著地进化，从最初列阵式的设计手法发展成后来那种简单干练的包容形式，有着翻天覆地的变化。

路易斯·康离开我们的时候，大家都无法相信，这位充满创造力且带给人无限动力的设计大师竟然就这么走了。公司中包括我在内的六个人决定组成一个继承路易斯·康遗志的小组，起名为"戴维·威兹德姆和他的伙伴们"（David Wisdom & Associates），主要是为了完成路易斯·康去世后办公室里遗留下来的项目。戴维曾和路易斯·康共事了 31 年之久，所有的客户都认识他，而且也深受大家尊敬。戴维·威兹德姆和亨利·威尔科茨将会在孟加拉国的首都——达卡的城市规划设计上再耗费十年的个人时间。

路易斯·康离开后，我又在公司留了两年时间，主要负责波科诺艺术中心（Pocono Arts Center）项目，匹兹堡微风交响乐驳船（Pittsburgh Wind Symphony Barge）和罗斯福岛上的富兰克林·D·罗斯福纪念碑（Franklin D. Roosevelt Memorial）概念设计。我最用心的一个项目是纽黑文市的中央中学设计，花费了我整整五年时间，但是却因为路易斯·康的离开而流标了。但这个项目最后的报价高达 100 万美元，也是远远地超出了预算。尽管我们努力向开发商证明可以通过节约成本来保证这个项目正常运行，但是由于这个项目拖延时间过长最终还是不了了之。在我接手之前，这个项目就已经在事务所里滞留了两年之久。当初是出于政治原因，想要通过兴建重要工程来带动纽黑文市中央山区的发展，但是随着时间流逝，项目的初衷逐渐被人淡忘。纽黑文市最终取消了这个项目，缩小了工程范围，并且委托给了当地一家公司进行设计。

20 世纪 70 年代中期是一段比较艰难的时期。当时经济疲软，许多建筑师都失业了，我们也无法维持公司财务的正常运转。不管我有多么热情地游说，辛辛苦苦忙了五年之久的项目，最后还是没能建成。

在 1976 年的夏天，俄勒冈大学提供了一份教书的工作给我。这份工作对当时的我来说十分及时。我和我的妻子都是在俄勒冈长大的，所以我们认为回去的话，对我们子女的成长也会有好处。虽然这份工作的薪酬和路易斯·康事务所的薪酬无法相比，但是我的时间安排更加灵活，使我可以有更多的时间陪伴家人。而且教书可以让我把精力放在建筑设计和理论的研究工作上面，同时和其他人一同分享我的一些心得。

建筑专业的老师都知道，教育工作对于老师来说，其实是一个自我实现的过程，这对于教育工作者来说，也是最主要的收获。为了提高教学效率，老师必须要掌握重点，而且希望帮助其他人更好地了解和追求他们所渴望的知识。在教师和学生的沟通中，尤其是评图过程中，锐化自己的思维应变能力，来评论学生富有创意的作品。这种合作互动的过程，不仅给学生、也给老师带来了重要启示。

和路易斯·康一样，我更倾向于在学生的设计过程中为其制定大的指导方向和影响其发展工作的态度。我坚信设计工作室的课程在有意义的建筑教育中有着至关重要的作用。因为只有在特定环境中根据某一目标进行创造设计，并且通过不断练习，才能增强学生的设计能力。只有在设计工作室里，学生才能直接面对设计项目的现实问题，从而学会通过综合分析进行设计，而不是单独处理某一类信息。一个好的项目背景可以让学生意识到，即使是给定数据有限，仍可以有其他的选择余地，以及凡事并不存在既定的评价标准。学生必须要学会批判性地判断设计方案的优缺点。

我坚信学生只有通过实际设计才能真正学会设计过程。学生在设计过程中难免选错方向，或是犹豫不定，也会存在失败，但是正是通过这些过程，才能掌握设计方法。学生们经常会从基本要素开始，然后投入大量的精力进行设计，就算没有得出可以解决问题的方案，也会得出一些具有一定可行性的办法。通过这种做法，学生接触的是决定解决方法的设计过程而不是答案。正是通过对问题的分析，才能培养学生广泛的批判性思考能力，培养学生解决问题的能力。

我个人工作室的教学重点，在图解组织和计划关系的开发上，但我尽力帮助学生努力提高表达能力以及达成其他目标。寻找一些特定的场景来激发学生的设计思维，鼓励他们根据给出的问题，分析出方案内在的通用潜力和责任，找到为项目量身定制的解决方案。

俄勒冈大学的教学工作时间安排并不是特别适合设计工作室的课程时间。俄勒冈大学主要采用的是学期制（10周一个学期），而这对于一个设计题目来说，时间过于仓促。

在进行设计辅导的过程中，我的主要目标之一，便是帮助学生从宏观的概念设计阶段过渡到具体的设计理念、问题和建筑物理结构的特色上。有的同学通过设计可以将最初的设计理念很好地落实，但是也有学生需要进行重新调整。不同的材料有着自身特有的组织方式，因为其形式、尺度以及细节都不同。因此，学生必须要找到符合自己设计理念的建筑形式，要将理想世界的设计理念和现实世界的建造技艺相结合。这一过程要求学生不断地进行推敲，找到最合适的方法，并且应用于自己的理念。

可想而知，这一做法并非易事。但是可以让学生们意识到他们构造建筑时所要承担的责任，能让他们在这一过程中更早地接触实际的建筑。这种做法有利于学生更合理地进行设计。同时，也让学生明白，所谓好的作品往往就是那种好的常规类建筑。

20世纪70年代晚期的俄勒冈大学建筑学院里，竟然有六名老师都和路易斯·康有一定的关系，要么是他的学生，要么是他的员工，当然也有两者皆是的。因此，路易斯·康的理念对课程安排和学生作品的质量都有重要的影响。在我看来，是在这些人的推动下，这里的建筑学课程在20世纪70年代晚期至20世纪80年代初期时到达了巅峰。

其中帕特·皮西奥尼（Pat Piccioni）的贡献尤为突出。我和帕特是在1968年夏天的时候在路易斯·康的事务所认识的。那是我到路易斯·康的事务所工作后的第一个夏天，而帕特在夏天结束后就去了俄勒冈教书。当时我和帕特一起负责达卡国民议会大楼的灯光系统，能和帕特一起工作，我感到十分幸运。帕特和路易斯·康一起工作多年，他一开始就特意花时间对我解释路易斯·康在光线方面的设计理念，还曾带着我进行实地考察旅行，去参观一些路易斯·康的建筑作品。

当我们在俄勒冈大学再次相遇后，我发现帕特在教育工作方面跟我的想法不谋而合。我们都非常认可路易斯·康的作品，并且都十分热爱建筑行业。我们时常碰面一起探讨工作、人事以及当年在路易斯·康事务所工作的经历。帕特每次会在路易斯·康的事务所工作两年，然后离开一段时间，一共工作了3个两年，断断续续有10年之久，也正因此，他对于路易斯·康的作品和设计方法有着更宏观且不同的见解。

我们都把路易斯·康的作品作为案例介绍给学生们，并且认为如果学生们可以认真分析，一定可以从中受益。我们曾一同教授了一门名为"路易斯·I·康的建筑"的课程，主要辅助大四、大五学生的课程设计。这门课以分析为主，2~3名学生一组，选择一个路易斯·康的建筑作品，根据我们所归纳出的类别进行分析，每周讨论一个不同列表的题目。帕特和我会选择一个切题的路易斯·康的作品来引出那一周的讨论话题。

讨论的内容会逐渐放宽，将其他的建筑作品也囊括进来。这门课程受到了学生的欢迎，帮助学生更好地了解路易斯·康建筑中的"是什么"与"如何做"。我们希望通过这个课程让学生明白，清晰的设计原则和深入的分析过程是设计一个功能性强、富有意义且可理解的建筑基础。我们同时也会强调，路易斯·康的设计原则的清晰性和建筑的针对性，使我们能够追随他的原则而不致沦为模仿。

教书其实是一种让人受益匪浅的经历，让人一直处于一种学习的状态。我尤为珍视那些和我成为朋友的同事，以及那些我教过的后来又成为我同事兼朋友的学生们。虽然如此，但是教学工作还是无法满足我对建筑的一腔热情。我需要进行实践，来让自己投入到创作过程中。路易斯·康在这方面已经给我树立了良好的榜样。建筑实践和教学工作对我而言同样重要，而且相互补充、互相促进。我坚信这两者都对我在建筑方面的价值观有着重要的影响，而价值观对优秀作品的诞生至关重要。

从1978年开始，我在夏天的时候会到波特兰市的"BOORA建筑事务所"工作。我的第一个年假也是在那里工作的，随后我就在1984年的夏天建立俄勒冈大学第一个罗马工作室。回到尤金市（俄勒冈大学所在城市）教书对我来说其实是一个相当困难的挑战。因为当时我的主要工作是在波特兰那边当项目设计师，夏天的时候去罗马教过书，而我并不是很喜欢尤金这个地方，而且对于当年的我来说，教育也不是我首要倾向的工作。于是在年末的时候，我请了一年的假以便继续到"BOORA建筑事务所"工作。在那儿工作期间，我负责设计了西雅图大学的艺术和科学教工办公楼，我当时的得力助理是莱斯利·库尔（Leslie Kuhl）。同时我做了太平洋大学的艺术与表演艺术中心和路易斯·康考迪亚学院学生中心的概念方案。

重新开始进行实践工作让我十分兴奋，但是我并不太适应这种大公司细化部门的组织形式。在我看来，这种体系会让设计师无法知晓构造方面的需求，同时工程师也不能很好地了解设计的意图。而且在实际工作中，这两个部门的人会把对方看成自己工作的阻碍。这种经历让我意识到当年在路易斯·康的事务所工作的好处之一，就是可以从始至终接触到项目的全部阶段。你会一直处于做设计的状态，不管是方案整体还是细节上的创意都会获得别人的肯定。

路易斯·康会考虑到建筑设计的所有方面，帕特·皮西奥尼曾总结过他的这种做法，"要么全对要么全错"。在路易斯·康的作品中，你可以看得出建筑的每一部分都在保留自身特性的前提下，一同形成了一个有机的整体。

在整个设计周期中，首先需要建造所需的各个部分，评估它们的影响，然后找到部分之间的共同点，将其整合成一个实体。

在 1986 年的时候，我和"BOORA 建筑事务所"的工作合同临近到期，一名我在俄勒冈大学教过的学生克雷格·基尔帕特里克（Craig Kilpatrick），委托我设计一个项目。项目地点位于德舒特河流域的一个半岛上，是一个大型居住建筑。尽管建筑最后并没有得以施工，但是却打开了我独立进行实践工作的市场。而且有了自己的工作，我的教学工作再次成为一种补充。

自从我成立了自己的公司，我选择和路易斯·康一样对设计的每个环节都进行把关。员工随着工作量的变化而浮动，但是从没有超过个位数。在路易斯·康的影响下，我的事务所也是采用了工作室的形式，我个人作为每个工作的主设计师和项目负责人。除此之外，每个项目会有一个管理人，还有一些根据需要负责制图和技术方面的员工和顾问。从开始设计到后期出图，从整体概念到最小的细节，在项目的全过程中保持主创人员的不变，才能保证风格的一致性。

我设计的项目种类繁多，且背景、客户需求和成本预算都有所区别。从某种角度来看，正是因为工作种类不同，才让我免于重复同一种工作的痛苦。我做每一个设计，不论尺寸还是其他限制条件如何，都希望能创造出持续性价值。为了确保项目成功，我会在每一个项目的设计上面投入大量的精力，制作详细的施工文件，并且建立施工反馈部门。

我获得项目的机会总是依情况而定。我在提升的过程中会感到尴尬，因为缺乏大项目所需要的参与到市场过程中的人或物。我做过一些规划、概念设计，还为高校的客户制定过教学计划，但是并没有独立承接过任何公共建筑项目。我的大部分项目都是商业类或居住类的。最开始的时候，几乎做的全是住宅项目，包括新建以及改造类住宅。我的大部分住宅作品都具有相同的特点：大气的屋顶形式；平静的内部空间，并且持续延伸到室外；充分结合自然光线与周边环境。逐渐地我发现居住类建筑其实是一种最令人吃力且最复杂的建筑类型，但此类建筑会影响客户的日常生活，而一个好的住宅设计往往会获得客户的肯定，这些就是最好的回报。

我还设计过几个令人为之兴奋的大型项目———一个荷兰公司的生产车间、大学学生公寓，以及两个商业项目，都通过设计阶段，但是最终并没有建成。我相信如果其中一些项目顺利建成的话，我很可能接到一些更大的委托项目，说不定就可以设计一些公共类型的建筑。

在我的作品中，我会格外关注空间的构成设计。很多发表的建筑作品有一些视觉上让人满意的图片，但是很难通过照片捕捉到建筑的空间品质。而对我来说，空间构成却是设计的核心部分。空间之间的关系（室内和室外），内部以及相互之间的流线，以及整个自然光线在空间内部的品质，在过程中至关重要。我们创造建筑来承载人们的活动，因此建筑的本质是为人们的居住、感受和穿行三个维度功能进行服务。

建筑师必须承担创造一幢建筑所需的巨大的责任，要求建筑师对自己的作品和设计方法有一个宏观的理论认识。每一个新的设计项目都有着特定的挑战和机遇，但是还是能根据我的设计经验总结出，指导我进行设计的一些基本设计原则：

① 形成一个清晰的图解组织框架，强调项目的内涵。

② 尊重并且回应周边环境。

③ 找到可以描述空间的几何形状。

④ 注意结构在空间描述方面的重要性。

⑤ 激活并且展现空间内的自然光线。

⑥ 认真组织并且整合服务体系，尤其是空调和采光系统。

⑦ 仔细选择建筑材料，注重细节设计。

上述这些设计原则不仅出现在路易斯·康的作品中，其他我尊重的建筑师也遵循着这些原则。因此，在我看来，对于任何一个有价值的建筑来说，这都是必须遵循的基本原则。

我相信我的设计仍处在一种不断进化、不断发展的状态中，而保持这种状态的关键是创造力。经历了和路易斯·康一起工作的那段岁月之后，我还研究了雷恩、索恩、赖特、柯布、阿尔托以及杜多克等其他一些建筑大师的设计风格。路易斯·康对我的影响与别人的不同之处，在于我直接跟从他学习，直接参与到他的工作中，同时我亦师亦友的同事亨利·威尔科茨和帕特·皮西奥尼，也间接地用路易斯·康的结论影响着我。这么多年过去了，我一直在消化吸收这些影响，并且将其与自身的喜好进行融合，成就了今天的我。

路易斯·康经常跟我提到他对于柯布西耶的作品的欣赏与尊敬。当路易斯·康在设计的过程中，需要解决一些所面对的问题的时候，他都会抬起头看向天空然后问自己："柯布，我该怎么做？"如今，当我遇到同样的情况时，也会望向天空然后问："路易斯·康，我该怎么做？"

六、从场地入手

斯坦·菲尔德，1969 年研究生班

我是在 1968 年的时候到路易斯·康的工作室求学的，现在的我和那时候的路易斯·康刚好一个年纪。尽管如今世界已有了翻天覆地的变化，但是我仍旧认同路易斯·康的核心思想：秩序的存在，而我们如今所谓新的发现，其实是发现了秩序的潜在能力。

当我在路易斯·康的工作室念书的时候，相距只有几码远的地方，伊安·麦克哈格（Ian McHard）正进行他的新书《设计结合自然》（*Design with Nature*）的创作，在书中他展现了自己的奇思妙想，阐释了万物的连接方式，而且我们每一个人都是整体中不可或缺的重要组成部分。

路易斯·康和伊安对于时间和空间的理念深深影响了我，而且我作为南非人，强烈地感受到和自然之间的关系。我开始从一种全新的角度来思考路易斯·康的哲学构架，把生态动力学接纳为形式的塑造者。

在我思考砖块想要成为什么的同时，我也会考虑砖块和周围环境直接的关系以此调整砖块的答案。路易斯·康曾说过形式受限于规律，而外形受限于规则——也就是路易斯·康所谓的不可度量与可度量。

毫无疑问，路易斯·康唤醒了我将无形和有形连接在一起的渴望。对我来说，路易斯·康的设计是类型学下建筑形式的叙事性表达。而我也致力于创造一种叙事性——一种由类型学形成同时由环境外力塑造的叙事性。

1968—1969 年的美国正处于混乱时期。由于久陷于越南战场上的失利，当时的美国年轻人组成了反战联盟。一些建筑类院校被人纵火烧毁，空气中蔓延着反战的情绪。周边不断变化的环境和路易斯·康的教学方法形成了鲜明的对比。路易斯·康曾说过，建筑师有义务发现以及表达"事物的秩序性"。而我们的社会出现动荡，我决心找到一种能捕捉并且能和时代对话的建筑语言。

研究生毕业后，我和研究生班上经常一起合作的两名同学共同申请了校园里一个闲置的旧图书馆作为工作室，开始完成一本名为《形态发生》的书，继续将我们被唤醒的能量表达出来。我们先是将桌子做好标记，然后沿着墙的方向摆成一个长排，以便铺开图纸卷轴，这样无论多少米的图都画得下。我们一同工作了数月后，邀请路易斯·康来看看我们的成果。那真是一次充满惊喜的经历。路易斯·康来来回回地走着，看着眼前这张巨大图纸上的内容，然后他抬起头看着我们，眼中泛光，仿佛是对我们的一种肯定，随后路易斯·康就离开了。这是不是说明路易斯·康认为我们已经掌握了他的教学精髓？还是用沉默来激发我们创造"新的"想法？

回想那次对我而言十分重要且充满戏剧性的经历，我意识到正是当年路易斯·康给我提供的平台成为我个人建筑发展的跳板。成为我未来事业规划的动力，也给了我奋力一搏的勇气。我感到了时代的动力，梦想着能创造出新的结构。

与此同时，艾德蒙·培根完成了他的著作《城市设计》（Design of Cities），还邀请了我们三人一同加入设计费城的美国双年展的工作团队。然而当时我却不得不婉拒了他的邀请，因为我当时迫不及待地想回到南非去设计我的第一个作品。

我于1970年回到南非，在约翰内斯堡的一幢维多利亚风格的大型住宅里开始了我的建筑实践工作。从事务所步行就可以到达威特沃特斯兰德大学，我同时也在这所学校的建筑学院教书。那真是一段令人激动的岁月，每天都会有学生以及教授出入我的事务所，那里就像是一个非传统形式的"建筑学院"，至今我仍希望能重新建立一个这样的地方。也是从那时起，我开始意识到环境背景渐渐地成为我设计中的主导因素。

这一阶段我的两个建筑设计作品比较出名。首先是位于约翰内斯堡北部的米勒之家（Miller House），地处南非德兰士高木草原地带。几块独特的巨型石块露在地面上的部分交汇在一起，形成了基地的边界，还表达了客户对非洲丛林的热爱，这些都为项目增添了充满活力的背景。项目伊始，先使用南非胡桃木做出了巨石露出部分的模型，以便了解每块巨石的特点，因为在此时就已经明确了此处的人工建筑形态，必须要与周边的自然环境产生对话。设计不会搬走任何一块巨石，也不会让建成的结构与之接触，完全利用地面进行承重。一种特殊的人工几何形式和自然的有机形状相毗邻，从而表达出建筑构造的意图。两两巨石之间的空间的轮廓线提供了建筑的外形。建筑采用了粗糙的混凝土材料，整个建筑仿佛直接从地面破土而出一般，如今我仍旧会时不时地会想起这个作品。从另一个角度来看，这个作品其实也是对路易斯·康的一种致敬，同时在这一过程中也将我从传统的建筑语言中解放了出来。

第二个作品是我在1972年参加杰米斯顿市政中心竞赛时所做的入围设计。项目地点位于南非的城市环境中，是社会和政治活动的中心。我希望能设计出一个具有革命性的城市建筑。最终获奖的方案，也是由路易斯·康从前的学生设计的，作品在形式上采用了路易斯·康的风格。尽管我的入围作品最后并没有获得成功，但是却获得了广泛的关注并且被发表了出来。南非建筑师协会的官方杂志《规划》曾做出评价：

在任何一个建筑竞赛中，经常会出现一两个给人的特别启示，用建筑的方式解决场地问题的方案，这种作品不仅对设计也会对建筑思维产生深远的影响。在我们看来，由建筑师斯坦·菲尔德设计的26号入围作品，就是这样的作品。该作品在常规的竞赛环境下，充分考虑了周边的限制条件（和那些完全凭信仰设计的作品截然不同）。

该方案满足且非凡地分析了任务书所提出的复杂要求，以及城市环境中这种公共建筑的功能性需求与理想或象征性需求之间的矛盾特性。设计者根据这个中世纪城市向内的复杂性特点,设计了建筑内部不同功能区域的排列方式,然后根据使用者和客户的运动轨迹和需求来调整比例。建筑的标志性和速度比例的需求,决定了其雕塑一般简洁的轴对称贝壳形外观,就像中世纪城市那种碉堡形的建筑形式。这种大胆的结构形式,赋予了视觉化的混乱城市中的结构以焦点和参考值。仅有主要入口处周围的城市空地可以进入保护性的外壳内部,进而和内部的功能融合在一起。设计者通过观察建筑内部在尺度和施工方面所存在的特有问题,采用不同的秩序来满足结构上的需求,设计了结构清晰且意义明确的作品。

该方案在场地的分析和设置方面,在不同功能和形式的空间衔接方面,以及在对于标志性和功能性之间的矛盾的解决方法上,都是其他方案无法企及的。

任何城市或是城乡形态都会受到社会与政治环境的影响,因此,作为一个建筑师,不把这些强影响力因素放到作品的叙事性里是粗心的。

曾有一段时期,南非政府提出了种族隔离制度,因此在 20 世纪 70 年代的时候引发了一场争取自由的狂热运动。作为被逐出国,南非被迫离开国际建筑舞台,开始受人排挤。

在 20 世纪 70 年代晚期,由于政治原因,南非几乎没有任何有价值的建筑作品出现。南非白人政府倾向于政治立场一致的支持者,而黑人完全被剥夺了权利,同时还抵制白人赞助商。我的事业也因此停滞不前了。

当时我读了一本名为《新耶路撒冷——规划与政治》(*New Jerusalem—Planning and Politics*)的书,作者是亚瑟·库彻(Arthur Kutcher)。库彻在书中写到:"三千年来,历史和信仰造就了耶路撒冷。如今,它的命运掌握在规划者的手上。"库彻在书中描述了这个城市所面临的困境,人们对精神世界的追求本与这个城市的形态和肌理紧紧相连,然而,如今大规模的建设发展却正在摧毁这一切。但是可以位置找到供选择的解决方案,这一问题引起了全世界的关注。

我对库彻所说的话深表同感，并且希望自己也能为这场运动尽一份力。于是在 1978 年我举家移民到以色列，在耶路撒冷开始了我的新生活。

我开始与一位出色的景观建筑师一同工作，同时我的确从头开始学习，并在同一间办公室里和库彻进行广泛的交流。在 1980 年的时候我被任命为耶路撒冷市的首席建筑师。当时的市长是特迪·科勒克（Teddy Kollek）先生，我提出的主要发展构想，是将耶路撒冷的东西两部分连接到一起。事实证明，以信仰为基础的城市总体概念要比大兴土木的发展策略更容易做到。我们专门组建了一个团队，然后花费了两年时间瓦解了东西两侧之间的隔阂，最终我们的规划方案也获得了成功。在完成了这项工程后，我便在一幢历史建筑中开了一家私人的建筑事务所，建筑的一部分俯瞰着耶路撒冷的旧城城墙。

至今我还记得在 1968 年读研的时候，路易斯·康曾在一堂课上谈到了胡瓦犹太会堂（Hurva Synagogue），当时他刚开始设计这个项目。我一直十分欣赏这个位于耶路撒冷的建筑作品，它就像是一座矗立在老城结构之上的神圣雕塑。我一直希望自己也能有机会设计一个同等重要的宗教建筑。后来我在锡安山遇见了一位颇有威望的拉比法师，给了我一次这样的机会。法师对我说："我将任命你为重建锡安山的建筑师。"随后，我们花了十年时间设计该项目。项目地点位于老城区城墙，在南坡的复杂地点周边共存在三种宗教形式：大卫国王之墓，最后的晚餐的房间以及一个清真寺，三个不同信仰的宗教建筑交汇在一起，只隔了一块石头的距离，因此基地的背景环境十分复杂。我们进行了大量的规划工作，并且最终方案获得了这座城市以及耶路撒冷市长的认可。

耶路撒冷是一个水平分布的城市，每一种文明都建在前一种文明的废墟之上。我的方案是在发掘出的早期犹太人建造的环绕锡安山的城墙基础上，再建造一座城墙，但是这座城墙是可通过的，从而将人们引入城墙内而不是排斥在城墙之外——一座有生命的宜居城墙。多孔的结构能保持墙两侧环境和肌理的连贯性，同时提供开孔方便人们进入，从而有可能重新定义人与人交流的根本模式。慢慢地我才意识到，想要在这种充满历史感的古老位置上建造一种新形式的建筑，需要新的文明形式或是一种新的精神状态，而这一点，并非我能控制的。

在那段时间里，我确实在旧城区的城墙之外，设计了两座犹太教堂。首先是一个新成立的以多种文化为背景的社区，希望在耶路撒冷东部坡地的位置建造一座犹太教堂，以便看到向死海方向一直延伸的沙漠景观。于是我利用 1 米厚的石墙设计了一处圣殿，作为朝圣者共用的庭院。从远处望去，辨识性较强的筒形拱顶轮廓像是在欢迎一路长途跋涉来到耶路撒冷的人们。在南非的米勒之家项目中，根据场地需要将其内的巨石设计与人的活动隔离开来，然而在该设计中，这些耶路撒冷的石头却渴望与人的手以及他们的心相连，因此我努力将这些石头的情感通过我的设计表达出来。

1990 年的时候，由于心脏病的原因，我和我的家人一同离开了耶路撒冷，不过我认为我已经在耶路撒冷最艰难的那段历史时期里，在其城市规划和设计方面尽了一份力。在那里工作的 12 年里，让我更加确信，社会政治背景和文化环境对于建筑的形式有着十分重要的决定性的作用。这 12 年的经历给我带来非常新的理解深度，在此基础上我构建下一阶段的建筑生涯。

1990 年的时候我回到了美国，距离从宾大离开已有 20 年之久，在这片土地上重新开始打拼，对我来说既振奋人心同时也不免有些担心。我们先去了美国加州，位于伯克利的加州大学的建筑学院给了我一份在建筑系教书的工作。于是我开始潜心研究美国的文化背景。这里的一切似乎都比正常的规模要大，复杂程度更高且差异化较大。我在伯克利教书的那段日子分外美好，师生关系十分融洽，激发了学生的学习热情，使他们的创造性提高了一定水平。我还记得我指导的首个工作室，主要是教授学生如何武装自己才能

"适于"设计,就像奥林匹克运动员一样。我还记得当年有好多学生积极踊跃地报名这门课程,并且一同开始探索精神层面空间。

我始终坚信,路易斯·康首先是一位无人能及的教育工作者。我如今仍能清晰地回忆起路易斯·康在课堂上对我们说的那些惊人之语,每当这时都有人会小声嘀咕:"他刚才真的这么说了?"对我而言,他的那些建筑作品都是教学典范。由于当时我完整的作品有限,所以我需要创造教学媒介。伯克利这里提倡更自由的结构形式,没有特别正规的建筑结构要求,所以我创造了一种新的工作室风格,让每一个学生都成为整个学习过程中不可或缺的一部分。这种做法受到学生的热烈欢迎,同时我也需要在每个学生身上投入大量的精力。

在我的启发下,学生通过自己的思考探索出所需的新形式,这种方式能够让学生感受到建筑的奇妙之处。和我当年在研究生班念书时一样,我们在路易斯·康的启发下感受到灵感的出现,建筑的形式从而显现出来。

我很欣慰地听到我的一个学生对我说:"谢谢你一直以来的教导,通过在这里学习,让我们有信心去探索未知的领域,摆脱既有知识的束缚。"

我跟学校签了两年的合同,在离开学校的前一天,我在学院的庭院内看到了难以置信的一幕。前一天晚上,孩子们从建筑学院所有的五层楼的全部窗口放下来悬挂线,在庭院内组成了一个类似圣殿的图案。孩子们希望通过这种方式让我知道我曾带给他们的感受,并且希望我能留下来。

我在传授知识的同时,也学到了很多东西,我开始逐渐意识到我和这些建筑专业学生之间的重要的联系,以及在我个人发展中的重大作用。它决定着我作品的理念。

那时候,我曾教过的一些毕业生都希望能与我一起继续完成我们在伯克利进行的研究。我们希望一同创办一所梦寐以求的建筑院校。我们在普雷西迪奥(Presidio)发现了一处闲置的飞机修理库,紧邻着海港边一条繁华的人行道。我希望能把公众引入工作室、模型室和讲座空间中来,这个建筑将像一座桥梁一样，把学术和现实世界联系在一起。

此时，洛马普列塔地震袭击了旧金山。被抬高的高速路将旧金山与滨水区域一分为二，人们认为如果发生地震，这条路很可能坍塌，所以决定将其拆除。为了将旧金山和滨海区域再次连接到一起，专门进行了一次设计项目的国际公开投标。我的解决方案是在拆除原有公路的基础上，设计一个巨大的弧形与海湾进行连接，弧形作为景观步道的同时，与周边肌理形成了海域一种新的滨海环境。城市的街道框架会下沉到水里，形成水道和城市区块岛屿，其边界会逐渐模糊溶解。用拉丝铝将位于海平面高度的木质实体模型连接在一起，交错的街道包围旧金山的自然地形，从而生动具体地展现出这个城市的精华和魅力。

通过设计这种城市尺度的项目，让我明白场地才是触发整个方案的发电机。于是我重新整理我的全部设计作品，从米勒之家开始，这些方案都追随着一个不变的理念——场地是我们设计的切入点，而建筑源自场地。

2006年的时候，我的儿子杰斯（Jess）获得了伯克利的加州大学建筑专业的硕士学位，毕业后他和我一起成立了场地建筑事务所（Field Architecture）。我们两代人联手进行设计，虽然比较具有挑战性，但是碰撞出了许多精彩的火花。当时正赶上信息年代，而我又位于硅谷革命最中心的位置，一系列激动人心的项目如雨后春笋一般，给了建筑师新的探索方向。

我们的事务所位于加州的帕洛阿尔托（Palo Alto），内部采用工作室的布置方式，共有八位出色的建筑师与结构工程师。我们的目标就是精简出一支人员、配备优良的队伍，懂得倾听客户的意见，更懂得分析场地的条件，大家一同探讨分析，尽自己最大的努力得出最佳的方案，最后呈现在硫酸纸上。

对我来说，这些图纸就像是一本地质学的图册，渐渐地成为我的设计指南，我经常会通过研究其中的内容来寻找灵感。和儿子一同工作，仿佛又让我回到自己精力最旺盛的时光。这次难得的机会，这种时光倒流的感觉，以及我们两代人之间的深度交流，带给了我们远远超出预期的激励。

七、所学与所用

詹姆士·L·卡特勒，1974年研究生班

我从路易斯·康身上学到哪些东西，又是如何将其应用于自己的实践工作中的？我想说我从路易斯·康身上学到的东西，不仅融入我的实践工作中，也影响了我生活的方方面面，成为自然而然且无所不在的一部分。对我来说，路易斯·康所教授的内容，早已超越了建筑本身，他让我找到我们自己在这个世界上所处的位置。接下来，我将主要谈谈我对所学内容的一些感受以及学习方法。

1. 第一课：材料——研究生班工作室开课之前

当我到宾大的艺术专业研究生学院上课的时候，我觉得这里很像一个苏格拉底式的"建筑专业学院"。整个学校里的每一个班级和每一位老师都会普遍持续地注重对我们所做事情的思考。这种思考方式来自一个班却影响了整栋教学楼，甚至整个研究生学院的思考方式。那就是路易斯·康所指导的研究生设计工作室。路易斯·康将他的思想点点滴滴地渗透给我们。当时，路易斯·康的一种观点如同绝对真理一般击中了我的内心，也是路易斯·康最出名的座右铭："我问过砖，它想要成为什么……它回答说想要成为拱门。"

路易斯·康通过拟人手法给砖这类无生命物体赋予了一种表达能力，从而清晰地描述出这种材料的物理特点，并且生动地揭示了如何在施工中最好地利用这种材料，从视觉角度展现材料的本质。我在听到这一理念的时候，就将其深深刻在了自己的脑海中，这也成为我日后所有设计作品的核心思想，并且沿用至今。

2. 第二课：机构——研究生工作室

那是1973年的秋天，研究生班开课的第一天，路易斯·康来到教室，简单地解释了一下他"正在构思一间工作室"，并且认为，如果一位伟大的画家走进这里，能够深受启发在墙上做画一幅，这里就是一个这么棒的工作室。然后他就离开了，留下了一脸疑惑的我们，20几个人想着同一个问题：我们该怎么做？

多年来，路易斯·康会提出一些设计题目和空间的明确使用要求，而后来我们突然就要承担起自行进行设计的责任。除了开学提到的屋子里的画家之外，路易斯·康再也没有对我们提出过其他的预期目标。所以我们都感到很挣扎。在路易斯·康的工作室我们一周上两次课，每次课上，每个学生都必须用垂直板子向全班展示一张能体现当下进度的图纸。因此，前来看图的人只需要绕着教室的上面画廊看，便能了解大家的设计情况。就算在评图阶段，路易斯·康也并不一定会给出比较具体的意见。我们中这些习惯于成功完成具体要求的学生一时间也完全摸不着头脑。尤其是公开答辩的时候，当我们的老师看到设计成果却表示不满意的时候，会让我们感到非常不好意思。

在经历了痛苦的两周之后的一个晚上，我突然开窍了。我意识到建筑不过是在不同环境下穿在人类身上的外套，主要起遮蔽作用。就像我们的衣服会为我们遮风挡雨一样，建筑就是这样的一件衣服。比如，住宅就是家庭的外衣。因此，想要给环境建筑穿对衣服，就需要了解它内部的功能。只有了解内部的构造，才能根据其自身的特点和所处的物理环境进行量体裁衣地设计。

所以，我当时认为路易斯·康所提出的整个问题是个错误的指导方向。设计建筑并不像在轻薄的画纸上作画那么简单。建筑来自于人类的历史。因此，我决定为构建给人居住的房子进行设计。当年我24岁，已经结婚一年半，所以我想设计一个承载婚姻的建筑。然而，当我真正开始设计这个特殊建筑的时候，我才意识到这幢建筑需要两个房间而不是一个。一个较为正式的方面，有明确的直线关系和秩序性，它代表了结婚典礼与合同正规的仪式性。第二个房间随意性更强，能多角度向外观看，并且中间有火点着。代表了随着时间的发展两人的关系也更为放松自然。然后我设计了一个水池，使得这两个房间与外面的世界分隔开，同时这两个房间也作为一个整体，通过一个单独的小桥与外界社会环境相连。当天晚上，我就用纸做了一个小模型，并且在第二天拿到了班上，我把我的图纸挂了起来，在图纸下方放了一把椅子，把我的模型也一同放在了上面。当路易斯·康走进教室看了我的设计之后对我说："这是什么？你设计了两个房间。"我对他解释了我的设计灵感：建筑来源于人类机构的发展，我以婚姻作为设计灵感，然后深入剖析婚姻制度的内涵，才决定设计了这两个房间。当我解释完我的逻辑之后，路易斯·康思考了一会儿，然后透过他那可乐瓶底一样厚的眼镜看向我，说到："那么对你来说，就应该是两个房间。"然后他微微一笑就走开了——这也是我第一次见到他笑。

房间（学生作业，摄影"James L. Culter, 1974 年研究生班）

3. 第三课：道路

1974年的春假，路易斯·康去印度出差并且再也没有回来。春假结束后，我们回到了工作室，然后等了又等，还给他的事务所打了电话；他的事务所几乎找遍了全世界各个角落，然而却在纽约市的太平间里找到了路易斯·康的尸体。

于是我们研究生班的22个学生，突然间失去了我们的导师。我们最开始想通过"自学"的方式来走出这一困境。然而我们在第一次汇报评图时，争辩了整整三个小时都没有得出结果，于是我们意识到这么做是完全走不通的。

当时宾大建筑学院的院长是彼得·谢波德，他建议我们从保罗·菲利皮·科莱特主席面试新的候选人中挑选出新的导师。我们确实这么做了。在毕业前仅剩的两个月时间里，我们邀请了许多知名建筑师来给我们上课，包括卡洛斯·瓦隆大、雅各布·伯巴克曼（Jacob Bakeman）和费利克斯·坎德拉（Felix Candela）。他们每个人都有自己特有的设计理念，虽然都很引人入胜，但是却没人能像路易斯·康一样采用问答式的教学方法，带着我们去思考，去充分理解人类的状况。

这让大家有几分失望，直到有一个学生注意到伟大的科学家乔纳斯·萨尔克，当时他正准备在下一周到纽约市进行演讲。路易斯·康总是提及他在设计萨尔克研究所时，与萨尔克间发展的密切关系，以及他对萨尔克的尊敬。于是我们选了一个代表致电给他，问他是否能过来给我们上课。萨尔克接受了我们的邀请。第二周的时候，他便来到了宾大，我们给他看了路易斯·康布置的设计题目的成果，主要是针对费城北部的研究。当我们一边汇报一边听萨尔克评论的时候，我感觉路易斯·康仿佛又回来了。萨尔克给出了一针见血的分析和明确的建议意向。唯一不同的是，他的比喻说法不再那么建筑化，而更生物化。那一刻，我惊讶地看到两个不知疲倦地探索着自己所擅长的领域的人，他们都相当透彻地了解人类所处的状况。正是他们，让我看清了自己想走的道路。虽然我不可能完全和这两位伟人达到一样的成就，但是这仍旧是一条值得我奋斗终生的道路。

到2014年为止，我已经从事建筑设计工作37年了，我当年从路易斯·康那里学到的东西至今仍能应用到我工作的方方面面，不论是在视觉审美方面还是在解决实际问题上。正如可以预期的那样，我用适合自己独特个性的方式来理解和吸收那些课，就像路易斯·康以自己的方式用他的隐喻性发现一样。比如，路易斯·康曾教给我们要学会尊敬并且探索材料的本质，而我将这一理念也同样用于"场地"设计。路易斯·康一辈子都是在城市里度过的，所以是一个典型的都市男人，受的也是学院派的教育。我们都是基因和环境的产物，因此，我感觉路易斯·康在对将事物融入自然环境的考虑方面存在一定的盲点。和路易斯·康不同，我从儿时起，就对大自然充满了热爱。因此我尝试把路易斯·康对于材料的拟人手法用在"场地"方面。路易斯·康为我指明了方向，而我只是沿着这条路继续向前，探索如何表达我们在这个星球上所有生物中的适当位置。

通过对路易斯·康的思考方式的进一步拓展，下面我将以一些建成的设计作品为例，回答如何在实践工作中应用那些从路易斯·康的课堂上学到的设计理念。我仅用一个案例来说明具体的应用方法，我将用与我学习此科目时不一样的顺序来进行。以机构—场地—材料为顺序来讲解，因为一个机构量体裁衣的是一项实实在在的任务。"场地"会为你提供制衣的基本信息，而材料只不过是制作衣服的工具，真正决定设计本身的是机构的本质和场地的现实情况。

4. 机构

此处我选择的案例是一幢住宅，站在路易斯·康的角度（按照我的理解），就是为一个家庭机构穿一件"外衣"。这件外套或者说住宅所在的地方气候——夏威夷温暖。但是不管位于哪里，它仍旧是一件为家人准备的"外衣"，只不过要比其他地方，比如阿拉斯加的外衣要轻一些，并且透气性更好一点儿，这就好比夏威夷的上衣短裤对比羽绒服和工装裤。

所以当我们剖析一个家庭的结构的时候，我们发现了一些十分普遍的简单的规则。我将会举一个例子来表明如何通过理解一个机构来形成一个设计。首先需要为全家提供一些可以进行交流分享的公共区域，这些空间还需要考虑到访客是否感到舒适且受欢迎。其次就是针对每个家庭成员而打造的私密性的空间，这种空间只对每个成员自身开放（直到今天如果我想进我九岁孩子的卧室时，仍旧会敲门，因为那是她的空间）。

在最好的情况下，我们制作的这件"外套"会在入口处将这两部分空间尽量分开。而入口将作为家庭成员的选择空间，你可以选择加入公共区域，或是直接进入自己的领地，避免他人的打扰（这是大部分青少年的选择）。入口需要和公共空间有较好的视觉通畅性（比如朝向公共空间的部分开口更大且光线更好），同时也要尽量地避免乱走的客人（十分尴尬地）不小心走进私密空间（比如减小开口以及调暗光线）。

通过这一方式，我分析了家庭的结构，剪裁了空间，不仅适合"家庭"，同时也适合每个独特的个体，即我的客户们。入口处直接对起居室的位置开放，并且有良好的视线透通性，而睡眠或私密区域设计了一条较窄的走道进行连接。整个建筑遵循了这一机构自身的特质。

5. 场地

项目位于夏威夷的北海岸，信风风速 10 ~ 20 海里，一年中有 300 天是东北风。伴随着东北风会断断续续地下起暖雨。它们无所不在，朝向海面最好的视角与风吹来的方向成逆时针 45 度角。因此，我们在遵循家庭机构本质的前提下，根据风向和视角组织了建筑的不同区域。一个有着朝向海景的透明玻璃窗的花园，一个朝南便于采光的开放端，一个迎风的复合倾斜屋顶，还有一个以家庭结构为条件的组织，这一切共同揭示且反映了这一环境的真实本质。这一建筑方案中所考虑到的这些决定因素，正是当年路易斯·康传授的早期课程的直接体现。

6. 材料

风的因素也会决定材料的选择和使用，它会对外墙施加上千千克的压力，对空气动力屋顶施加大量浮力。所以我们需要支架撑住墙体，同时尽量将建筑拴紧，还要确保整体的轻盈感（像夏威夷风格的衬衫一样）。为了做到这一点，我们先是使用了大体积的材料（石材）作为基础，然后将轻质材料（木材或钢材、玻璃）绑在上面。这种做法不仅满足了构造需求，同时也保持了每种材料的特性。

石材体量较大而且"来自大地"，所以这种材料会牢牢地扎在底部。木材体量轻盈、有线性结构且视觉上比较温暖，可以作为建筑的主体结构。而钢可以作为主要的受拉构件。我们使用钢材保持建筑，作为建筑的连接件，将大体量石材基座和轻质木屋顶连接在一起。在连接点处，这几种材料在视觉上的不同尺度进一步加强并放大了其自身的特点。重的材料和轻质材料并排放在一起的时候，轻的显得越发轻盈，重的则越发稳重。正如当年路易斯·康所教我们的，所做的这一切都是出于对材料自身特质的考虑。

7. 道路

我其实是一个工作狂。我热爱我的工作，主要是因为路易斯·康当年清晰的教学框架，让我学会如何通过分析周边环境的本质来进行设计。这种做法让每个项目都有着独一无二的特点，也能让我从中学到一些东西。此外在路易斯·康的带领下，我们一同展开对机构、场地以及材料的本质的整体探索，这些内容甚至影响到了我生活的方方面面。整体（integrity）一词，来源于希腊语的"1"（"one"）。在我看来，这代表着言行一致的意思。我一直试图做到这一点。我一直告诉别人，我们其实并没有在设计，我们只是在仔细聆听每一个建筑元素——机构、场地以及材料的声音——我们倾听着它们和其他声音一同和谐地吟唱。

深入研究机构、场地和材料，在过去的40年里，不仅是我对建筑的自然反应，也是我对人生所有境况的自然反应。不管是在解决日常琐事上面，还是在思考个人存在价值方面，我都一直沿着这条道路前行，从未感到疲倦。感谢路易斯·康，为我指明了这条道路。

8. 教学

如今，我正在将路易斯·康当年教授给我们的宝贵知识传递给下一代人。除了进行建筑实践工作，我每年都会在一所不同的学校教书。最近，我在俄勒冈州波特兰大学指导一个暑期工作室。

我教的学生跨度较大，从没什么经验的二年级本科生到成熟的三年级研究生，所以我的教学方法和路易斯·康相比，需要更加直接。我讲授的课程主要围绕着机构、场地以及材料三个方面，不过通常由于时间、场地或是学生年级的限制，没有合适的机会去采用"苏格拉底式的发现"方法。不过我一直希望能够采用这种方法，因为我深知通过自我发现所学到的东西远比通过老师教授学到的东西要更有价值。

当年在路易斯·康的课堂上，他会给我们时间让我们通过自己的视角去思考和探索世界。这也许是他当年赠予我们的最好的礼物。因此我希望，也能将这份礼物传递给我所有的学生。

八、变成和成为对职业生涯的思考

谢尔曼·阿龙森，1974 年研究生班

1. 导言

我的大学本科就是在宾大念的，之所以选择这里，是因为宾大能提供更完整的人文学科教育，而不是一个专门的学位项目。我在宾大度过了一段快乐的时光，我在设计课程中获得了好的成绩。当时我和其他三位同学，受邀加入作为大四学年一部分的研究生教育项目，这也是我人生中获得的一次难得的机会。拿到了建筑学硕士学位后，学校鼓励我们继续申请路易斯·康为期一年的研究生班课程，这是另一个难得的机会。路易斯·康的突然离世缩短了那一年的课程时间，但是在路易斯·康课堂度过的那段岁月，以及和来自世界各地的同学们一同工作的日子，不仅影响了我日后建筑事业的发展，更对我作为个体以意志和人道的眼光看世界起着至关重要的作用。

在下面的内容中，我将回顾一下我在过去 25 年中的实践工作，以及作为建筑学院副教授的工作经历。我也会谈一下路易斯·康讲课的细节，以及我是如何将其与我个人的工作经验和教学工作结合在一起的。不管是作为路易斯·康的学生，还是作为他设计风格的追随者，他的作品以及他的教学工作在我人生中的方方面面都带来了不可替代的影响。

2. 实践工作

路易斯·康的研究生课程结束后，1974 年的秋天，我迎来了我人生中第一份全职的建筑工作，公司就位于费城的中心。公司规模非常小，只有两个合伙人，一个秘书以及 2～3 个职员。其中一个合伙人曾在 20 世纪 50 年代末去过耶鲁的建筑学院，并且和路易斯·康短暂地合作过，对设计和施工的要求都很高。

从某种意义上来讲，这份工作对我来说简直再合适不过了。在一个小型公司，你有很多机会可以直接和顶头上司一同工作，直接接受他们的指导和培训。因为，我不仅学会了如何制作汇报文件和工程图纸，还学会了如何和承包商打交道，如何理解雇主和客户的意图。我们主要和同一家承包商合作，对方是一对意大利兄弟，他们十分擅长居住和办公建筑领域的装修工作。他们不仅知道该问什么问题，而且会检查尺寸，我从他们身上学到了不少东西。我们都会十分仔细地进行工作，包括空间的布局，根据一些奇怪转角处的形状来调整木质镶边的尺寸，如果不是在业主提出一些特殊要求或是遇见一些特殊情况的时候，注意控制费用不要超出预算等。

公司最初比较关注建筑方法和建筑材料，所以我们需要了解如何使用砖块、大理石、木框架、钢材以及混凝土。当和公共建筑客户合作的时候，我们可以进一步了解这些材料的实际用法，并将其付诸实践。我们之所以如此关注材料的正确使用方法，是受到了路易斯·康的设计作品以及他对我们谆谆教导的启发，让我们明白需要根据场地及其区位的需求进行设计，同时也要清楚地考虑到光线以及光线对室内空间的影响。

我们较有代表性的案例是两个位于城区的新健康中心项目，一个是为非洲裔美国人教堂所设计的日间看护中心，另一个是医疗办公建筑。在设计这些项目的时候，我们反复分析项目内容，提出创新性方法，然后根据场地需求准备一些优于之前设施的设计方案。

草莓大楼康复中心有明确的预算和工期安排，并且市区内的建筑对材料和施工都有较高的要求。另一方面，项目用地紧张，而且作为公共建筑，在质量达标的前提下，一向都是低价中标。我们首先是参观了该市内其他几家医疗中心建筑，并且和这些机构的负责人沟通，向城市建筑师办公室了解目前项目存在的主要问题。其中一个最为严重的问题，就是当时有人从窗子或是从屋顶平台进入建筑内部偷取药品，同时对平面屋顶的日常维护也是一个比较棘手的问题。

  设计合伙人认为早先建筑内部连接服务部门——医药、口腔和心理精神等科室的大量内部走廊没有采光，他建议我们把交通空间集中在中央大厅等候室的位置，通过一个较大的公共空间和所有的医疗服务部门相连，然后通过顶部的天窗采光。这样一来，屋顶的部分便都是倾斜的，在高处的窗户留出一个高的中心空间，这样一来，病人在等候的时候，就有一个宽敞而明亮的空间，而不用坐在阴暗的走廊里。最终方案非常成功，于是我们在第二个医疗中心中也采用了同样的设计理念。

  可以看出，路易斯·康在教学过程中对于光线重要性的强调在这个设计中起到了直接的影响作用。同样，墙面采用了真实的砖块和混凝土方块。为了解决窗户的问题，我们使用了实心玻璃砖块嵌入窗户形开口。虽然这并不是路易斯·康所提倡的做法，但是多年来却有效地防止了蓄意破坏的行为。悬挂的屋顶保持了墙面的整洁和干净。建筑的内部，我们使用了那些状况良好的白橡木板材，设计了嵌入式的座位和照明设备。等候区域的高窗成了一个公共艺术空间。主要通过对空间的得当处理，以及紧凑的布局形式，整个项目的预算和质量达到平衡。

  对我们来说，居住类建筑的客户是很难应对的。尽管我们提供现代风格的建筑，但是并不是所有客户都能接受这种风格。在设计的一些关键点上，很难和客户达成一致。我们通常还会遇到施工预算的问题，需要去找一些价格便宜的材料和满足客户预算需求的施工方法。有时为了减少预算，不得不用涂油泥灰的木框架墙体来代替灌浇混凝土，不顾房屋的耐久性。建筑的空间设计和平面布局也会主要按照客户的意思进行设计。

> 对于一致性的一些看法：
>
> 通过我早期的一些小型实际项目实践工作，我意识到一致性的意义及其价值，这也是路易斯·康曾强调过的原则。首先我们小组内要达成一致意见，其次和业主以及开发团队也要达成一致性。在建筑设计工作中，我们有大量的工作需要单独完成。我们无法与其他人用同一个丁字尺或是一个鼠标，更没有人会在你画图的时候握着你的手教你。而一旦开始画图，图纸便成为一种交流工具，需要不断地审阅、修改，然后使用。
>
> 建筑师的图纸并不是整个设计流程的最后一道工序，而只是一种指示图纸，示意其他人如何建造。这些图纸和艺术作品不同，并不是用来装裱挂在墙上的，也不是每天拿出来使用的黏土罐子。如果想要图纸上的设计能够真正建造出来，就必须具有严格的一致性。我工作的第一个事务所里的合伙人明确他们希望充分讨论每个决定的设计意图和目标，再把方案拿到客户的面前，这一点在某种程度上也是受到了路易斯·康的影响。
>
> 我当时并没意识到，能成为直接参与协作的一员是多么幸运。首先是在工作室内协作，然后是和使用空间的人共同协作。很多设计公司里，设计方向由一小部分人决定。他们将工作视为把一个想法"卖给"客户，而不是一同努力共同创作。

在20世纪70年代，能源危机对建筑工业提出了新的令人震惊的要求。燃料、加热油以及电的价格开始上涨，客户开始寻求其他方法来降低操作成本和节约能耗。对墙体的保温要求也随之提高，因此一种新的建造方式应运而生。我还记得我们第一次看见"专威特"（"Dryvit"）一种外墙隔热与饰面系统的样品——现在统称为"EIFS"。我们先是用一支铅笔检验了一下完成表面的坚硬度，效果并不是特别好。当时人们只有在地面高程以上才会采用这种材料，为了防止他人破坏，也为了防潮。

当年上学的时候我们也曾讨论过"空心墙"的问题，就是在砖面层内部加一个空气层，中间绝缘，同时用承重能力较强的混凝土块作为支撑。我们当时还开玩笑说，路易斯·康一定会掰开这两层砖，然后在它们中间设计一个"房间"。但是过去也好，现在也罢，都需要更好的热环境控制，以及做出能够比老方法更好地排空雨水的墙体。如今全世界并没有统一的做法，建筑方法一直在持续地更新中，以便获得更好的效果。在20世纪60年代，路易斯·康在孟加拉和印度等地方设计他的作品的时候，主要面对的是雨水、湿度以及通风问题，而不是墙体防冻或是内部气温调节。所以他用实心的混凝土和砖墙进行设计，数十年来，这些建筑仍旧保持着最初的模样。

在20世纪80年代初，我们开始承接一些历史居住用房的改造项目。我们接手的第一个此类项目，是将一批联排住宅改造成公寓。我们研究了现有建筑，找来了过去的平面和细节图纸，对现有条件进行了广泛的调查，并且咨询了一位建筑行业外的历史学家。整个工程的审查过程十分严格，从设计方案文件到施工质量都进行了严格的把控。

我想起来路易斯·康曾说过的话，住宅体现的是房间的社会关系，城市也是一样。我们从平面图上必须能识别出每一个空间的特点，以及这些空间的组织方式。我们仔细地分析过如何嵌入新的机械设备，研究服务以及被服务空间的位置，将抬高和起支撑结构的部分的位置分类，以便将对原有建筑的影响降到最低，尽可能地找到新的房间的最合理的尺寸，并且尽可能地满足光照需求。我们还记得路易斯·康当年曾教过我们如何为好的房间寻找合理的功能，以及如何将小的卧室变成宽大带窗和步入式衣橱的盥洗室。

我了解19世纪的建造方法，也知道工程品质的重要性，双层砖墙、足够厚的泥灰、做工精良的木窗、硬质木材地板以及台阶。这些特点中很多不同于路易斯·康建造房屋的方式。在路易斯·康的设计里，通常没有室内饰面，没有泥灰，更没有轻钢龙骨上的石膏墙板。路易斯·康手中的木材是厚镶板，是装饰物，有时甚至是空间的分割工具。

> 对于单人工作的一些看法：
>
> 　　在20世纪70年代末，建筑、工程以及结构行业都受到了大萧条的严重冲击。我整整失业了一年之久，于是开始一个人单干。结果是，当时我的一个大学好友的父母，打算搬到费城乡下去居住，于是让我为他们在东南向的山腰处设计一个全新的住宅，并且要求使用被动式太阳能设备。对我来说，从各方面这都是一次绝佳的学习经历，我和业主沟通得十分顺利，还有一位优秀的当地承包商，所以整个设计的结果也十分令人满意。当然，为了这个项目我一年四季经常要花三个小时乘坐火车以及巴士，往返于两地之间。
>
> 　　这个项目结束后，一对年轻的夫妇来找我做设计，他们从同一个承包商那里买下这座山另一面的一块地。在这个项目中，设计主要依赖大地的庇护，通过下挖西北坡面的土地来减少风吹，同时让东南向的光线穿过抬高的外墙，更好地进入住宅内部。整个项目不仅维持了预算，也受到了业主的好评。

　　在独自工作了一年之后，在20世纪80年代初，我又重新加入了一家公司，公司仍存在财务困难。我作为中级合伙人负责管理项目和新的职工。与此同时，负责经营的合伙人也开始经营一家小型开发公司，投入金钱、时间和精力投资一些居住类公寓项目。他的想法是对设计有更多的掌控权，从而产生更好的产品。有时这种工作方式能得到很好的结果，但有时却不能，这要由市场情况决定。

在1982年的时候，我们启用了室内最早的计算机辅助设计之一。我们争取到一笔额外的费用，用来检测城市新的软硬件。这一做法对我们来说，既令人激动也是一次不小的挑战。我们需要弄清如何才能有效且及时使用该系统，在不超出预算的前提下，得到高质量的图纸。我们主要使用CAD制图，画天花板和地板的平面图、小比例的立面以及剖面图。细节的部分仍以手绘为主。我们也会将CAD完成的图纸作为背景，利用大头针在其上方定位一张透明的图纸进行绘制，以便两张图纸的内容合并打印出来。这些做法是否节省了成本我们并不知道，但是最终生成的图纸效果却十分出色。

尽管我们采用了新的技术，但是到了20世纪80年代中期，公司的资金仍旧周转不开。这也是我在经商方面吸取的最严重的一次教训：由于住宅开发行业市场不景气，以及一些项目上的时间精管理不到位，只能眼睁睁地看着整个公司分崩瓦解，不管你的设计理念有多好，图纸质量有多高，也不管你的设计方法有多么新颖。开一家小型的建筑公司远比我想象中的难。所以可想而知，当年路易斯·康跑遍全世界到处工作，设法通过长途电话和远程教学经营自己的事务所一定给他带来了难以想象的压力。

当时我的职业目标之一就是成为一个正式的合伙人，能够继续负责设计、图纸以及汇报工作，更有效地解决当前的能源问题。然而，我并没能如愿以偿。

当第一家公司在20世纪80年代中期倒闭之后，我以高级负责人的身份加入了一家新成立的独立公司。当时这家公司正处于上升阶段，寻找经验丰富的老手，尤其需要接触过修复改造项目的人才。公司由一个人独资经营，是一位非常能干的经理人，也是一位出色的设计师，之前在一家大公司打工。他带来的兴趣与经验主要在开发人主导的计划，一些和航空以及铁路交通相关的项目，还有住宅项目。

到了公司之后，我立即接手了一个Amtrak（美国铁路公司）投资的重要历史街区的修复项目，位于费城的第三十号街区火车站，这个项目我一干就是 20 多年。这也是我人生中一次宝贵的经历。对 20 世纪 20 年代建成的兼具经典设计和早期现代主义流线型细节的建筑进行改造，这一过程教给我们设计思考是如何进化的，以及一段时间内建筑材料和方法的变化。

火车站是由真正的石材和泥灰建造而成，外侧采用了薄板贴面。整个建筑由费城铁路局建于 20 世纪 20 年代，但是直到 1931 年大萧条到来的时候才建成完工。然而讽刺的是，在那个提倡"价值工程学"的年代，车站的一期却采用了进口的意大利大理石进行填充和剖光，作为室内的墙板。随后由于造价削减，于是采用石灰华大理石代替，而且既没有填充也没有抛光，成本明显降低。不幸的是，这些未完工的石材表面不仅容易积累灰尘，还被香烟灰覆盖，已经随着时间的推移开始发黄变色。所以项目任务书中，明确要求我们要清理这些暴露了 50 年之久的石材。

清理并且重新粉刷这些距离地面约 29 米之高的装饰屋顶材料是一项重大的工程，并且引起了当地群众的广泛注意。让我印象深刻的空间体验，便是在这个火车站里，从底层的站台乘坐自动扶梯，一直升到中央大厅的过程中，可以观赏到上方屋顶绚丽的色彩。这是当时第一家使用自动扶梯的火车站，也是首批在主层下方使用全电动火车通过的火车站之一。"新时代"的设计师们深知新技术的意义，并且将其优势运用到自己的设计中。尽管整个建筑以及周边环境仍有着明显的学院派风格，形式上采用了对称的手法，以及给人压迫感的高耸的立柱，流线组织方面采用了互相连通的大厅、功能用房与走廊。

对于修复工作的一些看法：

在设计历史修复项目的时候，我们公司会做专门的历史背景以及技术专项研究，因此会专门聘用一位历史保护专家进行咨询，后来这位专家成了我们公司的合伙人之一。与他一同工作这么多年，我渐渐地对建筑的其他方面也产生了兴趣。

保护修复工作需要设计师耐心地进行分析、研究、检验和推敲。在做任何新的设计之前，有必要查明原有建筑的设计原因，这一点在我看来十分重要。这种工作更需要设计师多一些分析能力，少一些设计创造，但是同样要求设计师能够准确判断出最佳方案以及新的使用需求。

我们有一个自己的小型实验室，同时也培训了几个历史保护方向的员工，这些人可以分解砂浆样本，然后了解其中的配料，比如砂石是棕色的还是黄色的，用的是灰水泥还是白水泥，配料的尺寸以及石灰的用量，以便我们能够找到正确的配料比从而更好地恢复建筑的原貌。对于修复工作而言，达到外观颜色上的统一是远远不够的，而是需要真正做到功能上的修复，比如，需要将砂浆的硬度降到砖块的硬度以下，就像100年前的做法一样，来保证足够的流通性。

这种做法往往比当年跟路易斯·康学习如何设计还难，但是原理上都是一致的。虽然我并不清楚路易斯·康做过多少，甚至不知道他有没有做过修复类的项目，但是他对于建筑材料内在品质的思考，对材料使用合理性的强调，追问"砖想要成为什么"，和我们雇佣历史专家先研究后重建的方法是一致的。

后来，随着公司的逐年壮大，我也成为公司的小股东之一。不幸的是，在人员扩招之后却出现了项目吃紧不得不减薪的问题，于是我不得不选择离开，随后公司接手了一项大型的交通咨询类项目。

　　我在2004年的时候以高级负责人的身份加入我现在所在的这家公司。公司的规模适中，共有员工50人。我主要负责高等教育机构、高层住宅、医院、酒店和度假中心，以及功能综合体项目的开发。我们的工作包括对历史建筑适当的再利用，以及一系列获得LEED（绿色能源与环境设计先锋奖）认证的绿色建筑项目。公司已经在费城经营了50年之久，投资合伙人是路易斯·康当年在宾大建筑学院的同事。

　　我对于绿色建筑以及历史建筑修复工作的热情与日俱增。对我来说，最有价值的工作莫过于找到合理的方式修复并且更新老的建筑，让这些建筑继续为下一代人服务，并且在改造过程中，结合新的建造方法，在达到节约能源、水以及材料的目的的同时，为人们创造更好的室内环境。我并不清楚如果是路易斯·康面对这些问题，他会采取什么样的做法，毕竟历史建筑修复和绿色建筑是在他离开我们之后才出现在建筑行业中的。

　　我们其中一个获得LEED金奖的项目，是宾夕法尼亚州立大学内一幢建于1930年的历史建筑的改造项目。这是一个十分具有挑战性的项目，我们需要在一个约6500平方米的建筑立面，重新布局12个艺术专业的位置。整幢建筑在过去的60年里，一直是农业教育学院的教学楼。我们成功地找到了每个专业合适的位置，并且配备了足够的房间来满足不同专业的需求，同时我们也设计了共享的大厅、走廊以及科室以便各个专业共同使用。我们移除了一些多余的空间，重新规划了景观，并且设计了雨水循环系统，引入了当地植被。我们整合了一套高效的HVAC（空调）系统，包括可辐射吊顶加热板。整个项目和之前的建筑相比，节约了30%以上的能源消耗。这也是我们公司设计的最有价值的项目之一，宾夕法尼亚州立大学也将该建筑作为老建筑节能绿色改造的典范。这也是一次将历史建筑改造和绿色建筑设计相结合的宝贵经历。

3. 教学工作

很难用语言来描述路易斯·康具体的教学方法是什么样子的。人们通常对"教学"这一概念，都有着一些先入为主的专业概念，比如艺术或是音乐学院，通常会采用一对一评论的方式进行教学。然而路易斯·康的方法和这些传统的形式完全不同。路易斯·康也会针对学生挂起来的图纸给出一些直接的评论，但是对学生启发更大的，往往是他在设计伊始的时候，和同学们一同探讨的一些观点、想法、建议和感悟。他时常也会用他自己的作品作为切入点，讲解一些自己的想法，进行一些小型的讲座。

当时大多数建筑类院校的学生，采用白天全天工作晚上回到工作室上课的模式，而德雷塞尔大学的教学模式并不是这样。这里的建筑学专业每个班级人数非常少，不到十个学生。所以我讲课的时候会尽量顾及到每个学生的感受。我会把学生们聚在一起，然后针对他们每个人的设计方法进行探讨，结合整体的设计思路进行评价，并且也会让其他同学给出自己的观点。这种做法也是受到了路易斯·康的教学思想的启发。学会分享自己的设计方案，十分有利于提高学生的设计水平，同学往往是他们另一个最好的老师。

除了教课，我还要负责指导学生论文，这也是我近五年来的主要工作，而且这项工作十分耗费精力。每一个教授负责 4 名学生，我们每周碰面一次，每次都要进行四个小时的探讨，通常还要包含一个介绍性质的客座讲座。因此很难平衡好每次见面在单独某个学生身上花费的时间，毕竟四个人之所以一起碰面，主要是为了能够分享彼此的研究成果。不过我们小组还是尽量做到了这一点，因为我们选择的学生研究的方向比较类似，都是环境教育方面的内容。因此大家可以一起坐下来研究项目内容、预期目标，探讨研究人员需求以及四个人所需的展示空间等内容。而我可以指出他们之间的共通性——也是路易斯·康经常采用的教学方法——然后根据每个项目独自的特点给出具有针对性的建议。

案例分析方面，我以路易斯·康20世纪60年代时在罗切斯特设计的唯一教派教堂的设计过程为例。在设计伊始，路易斯·康提出了十分纯粹的概念，在一个圆形平面的中心处设置朝拜空间，然后将整个圆形等分成四个部分，分别设置办公、祷告室和服务区域，并且通过圆形交通空间将其串联在一起。他将其称之为"理念"或是"形式"。随着后期他与会众的进一步探讨，意识到这种格局无法完全满足人们的真正需求。于是最初的理念发生了变化，变成了一个位于中心位置的方形祈祷空间，四边形成贯通的连廊，将进一步细化分组的办公、祷告室以及服务用房串联在一起。理念的主体内容并没有发生变化，只是根据实际功能的需要做了外形上的调整。

> 对路易斯·康在我教学工作中所起到的影响的一些看法：
>
> 在回顾我个人的实践以及教学工作经历的时候，我总是时不时地会去思考，当我们还是路易斯·康的学生的时候，路易斯·康所处的特殊环境以及他的教学经历，对于路易斯·康来说又有着怎样的意义。我总能回想起他当年提到的"变成"和"成为"这两个概念。对我来说，当路易斯·康在探讨"变成所负责的代价"以及"成为所获得的回报"的时候，一定是在描述艺术家经常要经历的一场斗争，那就是最初形成的梦想以及最终落实的现实。我认为路易斯·康一定深深爱着最初始闪现的理念，深深执迷于用碳铅笔在草图纸上最初画下的那几笔。路易斯·康坚信，好的理念存在于他的思想、眼睛以及图纸之间，灵感会以不知名的方式展现在你的眼前。这是一种多么崇高的信仰。

> 在现实世界中，如何将模糊不清的"变成"进化为真实存在的"成为"才是人们关注的问题。首先，要把那些碳铅笔草图上的理念变成细节明确的工程图纸。然后再根据图纸确定实际尺寸，同时要确保设计初衷不能变。然后就是处理属性、存在问题、人员配置、工程进度、合同、费用等其他和施工相关的问题。有时还会出现同时处理多个项目的情况，一边要考虑正处于"变成"阶段的方案进展，同时还要在潜意识中等待新的概念生成。
>
> 我曾想过当年路易斯·康来给我们上课的时候，可能脑子里同时有这三件棘手的事情有待解决：安排正在施工中的项目（哪怕距离很远且有助理相助），指导施工图纸的绘制，同时构思新的项目方案（同时还要负责赡养三个家庭，这件事情当时我们还不是特别清楚）。
>
> 难道我们的工作室对路易斯·康来说，是一个避难所吗？还是说这里是一个表达新理念或是检验老方法还是否奏效的实验室？他在评价我们的方案时，是否也在检验自己的作品，还是看到建筑发展的其他方向从而判断出未来设计的可能性？

4. 总结

回顾我的职业生涯，不仅有着明确的发展方向，同时还做过许多其他相关的工作。包括路易斯·康的研究生课程在内的宾大对我的培养，为我的职业发展铺平了道路。从业初期，我从公司的合伙人身上学到了不少东西。在我看来，这些经验对我的发展起到了至关重要的作用，所以当我到了第二家公司的时候，我也努力把相关的经验传递给新一代的年轻人。

路易斯·康的教学方法和教学内容启发了一代又一代人，尤其是路易斯·康对于建筑内部和立面上光线的运用；如何根据需求或是可能出现在未来的某种无法预料的用途而设计的空间；他以人为本的设计方法，对于一致性以及目的性的强调。路易斯·康教给世人的这些宝贵的经验，将会一直影响着我们。随着全球现代化的发展、技术创新改变了我们向业主和建造商传达"信息"的方式，同时施工的方法、体系以及流程也变得越来越复杂，所以路易斯·康的某些理论和设计方法可能并不能完全适用于当今建筑师的需要。

如今，我仍在寻找着将"可以度量和不可度量"概念与我的教学和实践工作相结合的方法，从而认识到我们日常工作和生活中"变成和成为"的真正意义。这些都是路易斯·康留给我们的遗产，它们也将激励并且引导我们这些奋斗在建筑领域中的人们不断前行。

结语：
教师的遗产

大约在十年前，我越来越清晰地意识到，当年在路易斯·康的研究生班所学的内容对我随后的事业发展，不管是作为建筑师还是教师，所起到的影响作用，于是我开始收集相关的资料准备写书。我同时在孟菲斯大学教授一门本科生研讨课，专门研究路易斯·康的作品和设计哲学。通过我个人的教学经历以及学生的反馈，我越来越能清晰地感受到路易斯·康对我的影响，而且我逐渐意识到路易斯·康的教学工作留给后人的影响最为重要，也最为长久。

路易斯·康的大部分学生，许多知名的建筑师和评论家都认同这一观点。路易斯·康的教学风格和内容通常是非传统的，甚至是激进的，路易斯·康的教学理念源自于他独到的教学哲学观，主要秉承以下三个原则：首先是坚持学院派风格对于历史、秩序、仪式性和直觉的重视；其次是坚持新柏拉图观点对于形式的本质和实现的思考；最后是对建筑师在社会中所扮演的角色的强调。他通过在工作室组织研讨会的形式让他的学生贯彻他的设计原则。路易斯·康主要使用两种传统的教学技巧：苏格拉底和塔木德方法，并且强调"做什么"和"如何做"之间的区别。

路易斯·康的研究生班所招收的学生在入学前就已获得建筑学本科或是研究生学位，具有较强的理解能力，并且早已掌握设计的精髓，所以他的教学理念深受学生的喜爱。这种理解上存在一定难度的教学方法在本科生教学层面上的有效性有待商榷。研究生教学要求学生具备坚持不懈的学习毅力，较好的知识储备，一定的哲学基础，较强的抽象思维能力以及对模糊感念的理解力。路易斯·康在设计伊始对于形式的追求——独立于对场地、项目本身、材料、结构或是造价的考虑——并不能从实际角度得出结论,而且路易斯·康的哲学视角并不利于学生以问题为导向进行设计。正如科门登特所说:"他从不直面实际问题,总是以一种回避的态度,然后说'市里应该禁止车通行,或是直接把路封上。'"[1]

路易斯·康的教学方法也并不是没有缺陷。他的情绪总是很难以预测。研讨会也往往是他一个人的独白,缺少和学生的交流。路易斯·康在表达上所使用的那些异质性词语、晦涩的比喻方式以及寓言故事往往使别人难以理解他想要表达的理念。他一向忽视或是低估建筑设计中所面临的实际问题,包括客户的意向和预算费用。他会有明显偏爱的学生,并且他的评语有时会十分刺耳。

小约翰·泰勒·塞得那(1962年秋季)在课程伊始的时候曾说道:"感觉很不好。看着路易斯·康本人站在那儿,是一种奇怪的感受;我认为他完全沉浸在学生的崇拜模仿中……而且他对于形式的要求有些过犹不及了。"塞得那毕业之后,又花了一年时间才意识到自己当年并没有完全理解路易斯·康所教授的内容。[2]

当然也存在一些学生,直至今日仍质疑路易斯·康所教授的一些内容的价值,以及他对于学生的影响,比如大卫·伯恩斯坦(1962年):

在我反复阅读课堂笔记中路易斯·康所说的那些话之后,我不得不说他所说的那些话,听上去就像没写完的诗一样难懂。所以我只能勉强地理解他的意图,他反复强调,希望我们撇开实际和技术问题看到问题的本质。尽管如今看来，这句话对现在的我来说，有一定价值，但并不全面。

路易斯·康的作品感染力十分强，所以就算这并不是他的本意，但是还是会对我们的设计产生影响。我发现当年在做音乐学院和室内音乐场地设计的时候，我只画了一张图，而且一眼就能看出是路易斯·康式风格设计的衍生品……这也说明路易斯·康对于我们的影响更多的是一种形式主义，并没有什么实际作用。[3]

布瑞恩·达德森（Brian Dudson，1964年），作为一位较为年长的毕业生，也比较认同伯恩斯坦的观点。对他来说，路易斯·康的作品影响力要大过他的教学工作。他曾回忆自己是如何在课堂上质疑路易斯·康给出的评语，同时他也是班上少有的几位敢于质疑路易斯·康的学生：

有一次，路易斯·康曾反对我设计的一个地下车库……在一个音乐厅下方，他认为音乐家不应该坐在一堆车的上方进行演奏。很明显大部分音乐家都能，但是当时我却脱口而出，那要是他们正好想到了自己消化道里的东西，是不是也不能演奏了（其他学生小声地嘀咕）。

……所以对我来说，路易斯·康的设计作品要比他的思想更具影响力，而且我认为他的大部分学生其实也是这么想的……所以，我希望自己能把实话说出来，是的，路易斯·康的作品深深地影响了我，但是一直以来，我对他的教学方法却持质疑态度，至今也没有理解他的思考方式。我是在30岁的时候上的他的研讨课，所以说，我完全是根据冷静的分析而得出了以上结论。[4]

弗莱德·林恩·奥斯蒙（1962年）曾表示，参加路易斯·康的研究生课程最大的收获，便是让他明白自己并不希望成为像路易斯·康一样的人：

我并不希望成为路易斯·康那样的人，也不可能成为那样的人。我并不想设计那种纪念性建筑，我也设计不出来。我并不想成为伟大的建筑师——我只想做一个好的建筑师。与路易斯·康相反，我认为，好的建筑需要充分考虑客户的需求，建筑的功能性以及周边的环境。

从宾大毕业之后，奥斯蒙去了麻省理工学院，并且在那里学习了克里斯托弗·亚历山大的"形式语言"，他认为这种设计方法"完全符合自己的想法"。"当时我已经彻底放弃了路易斯·康的'想要成为'理论，对我来说，路易斯·康的设计理念太过于个性化并且过度依赖于直觉。"不过，奥斯蒙也认为，路易斯·康教授的内容也有其自身的价值：

路易斯·康的那句建筑想要成为什么，深深地吸引了我，让我决定来到这里求学。虽然我一直无法接受他的教学方法，但是和路易斯·康一同学习的这段经历，在我成为建筑师的道路上，发挥了至关重要的作用。[5]

尽管存在上述理由充分的评价，但是我个人还是认为，路易斯·康作为一名教师的成就远远大于他教学工作中存在的不足。建筑师摩西·萨夫迪（Moshe Safdie）曾如下评价路易斯·康对于自己的影响：

渐渐地，路易斯·康已经成为一种标杆、一种标准，成为我们比较以及评价的标尺，成为我们设计的灵感。如今仍有期刊、报纸报道着路易斯·康的作品，我们仍旧铭记他对于学校本质的看法，一个工作的地方，一个明亮的房间，一扇看世界的窗。[6]

艾利森和彼得·史密斯曾表示："只有听过路易斯·康的课的建筑师，

才能感受到建筑的另一种境界，以及另一种思考方式。"[7]

艺术研究生学院的院长霍尔姆斯·帕金斯曾评价路易斯·康的教学工作："路易斯·康的设计作品和他的教学工作时间存在着一种联系。在他通过自己的方式诠释设计的时候，路易斯·康其实是通过自我探索来赋予建筑深刻的意义。"[8]

彼得·谢波德院长曾表示：

无论如何，路易斯·康都是一位理想的教育家。很少有人能够将自己的一生都奉献给建筑事业，不但真正地成就了一番事业，同时还能投身教育工作。路易斯·康曾说过，学校是这个世界上最美好的地方之一。[9]

路易斯·康当年的大部分学生，如今已经到了自己事业的成熟期，大家普遍认为在路易斯·康那里求学一年的难忘时光，对自己事业的发展有着深远的影响。斯坦·菲尔德（1969年）表达了大部分毕业生的想法：

我相信路易斯·康是一位当之无愧的伟大的教育工作者，而建筑就是他的表达工具。他的每一个作品都在证实并且强化他的哲学观点，就像是路易斯·康永恒的宣言，无论是在当下还是未来，都在宣告着自己的存在。不论科技如何先进，全球化多么迅速，仍旧很少有人能够影响这么多代人。我仍旧清晰地记得，路易斯·康第一次向我们表达自己的感悟的时候，带给我的那种震撼之感。路易斯·康让我意识到自己身为建筑师的角色，没有任何原则教过人们如何做到这点，只有我们自己才能够决定该如何定义、如何表达。如今，人们只有在表达设计策略、电脑芯片结构或是规划政治竞选活动的时候才会用到"建筑"一词。这种不恰当的语言表达方式，掩盖了这个词的真正意义与力量，所以我们此刻需要通过路易斯·康来重新理解一次建筑的真正内涵。路易斯·康的"看不见的宝库"暗示了他对于创造力的呼唤,他以一种难以言喻的神秘方式揭示了形式的真谛,仿佛触碰了我们心里早已存在的某种东西。路易斯·康所表达的这种感受,其实早已根植于我们的身体中,在我们的内心深处赐予着我们无限的力量。

1968—1969年是动荡的几年。越南战争、登月、刺杀行动、伍德斯多克——仿佛整个世界都处于不安之中。而路易斯·康却高举秩序的大旗。自此之后,在我看来路易斯·康的观点揭示了宇宙的真理,完全不受时代的影响。我的设计也开始有了变化,我开始从时代的变化中汲取灵感,时代影响着我们,同时也被我们所影响。[10]

路易斯·康的不可度量的概念不仅仅适用于建筑学领域,加文·罗德（Gavin Rodd,1968年）曾表示：

我们活在一个不可度量的世界里,这一点毫无疑问,然而人们却将这种不可度量以一种自欺欺人的方式进行歪曲,从而使其变得可以度量以便于人们接受。一个比较明显的例子就是英国高等教学院校的评级体系,资助机构决定根据大学的质量来评定等级,然后根据级别进行分类,从而便于公众选择。在此基础上也便于资助机构进行资金分配。乃至后来推出了总结性评价体系……将高校分为优秀、理想、较理想和不理想四个级别。我曾询问过"质量"的定义,却被告知无法给出准确的定义,但是它们相信人们看到定义的时候就明白了。于是我质疑,如果无法定义的话那么如何度量呢？没有人直接回答我的这个问题；很明显,我这个问题有点搞乱的嫌疑。路易斯·康曾教过我,当你质疑别人对于不可度量的理解方式的时候,你需要做的就是相信其存在的意义。[11]

对于大多数学生来说,尤其是20世纪60年代路易斯·康的身体状况还没有出现问题时所教过的那些学生,对于研究生班最深刻的印象,就是路易斯·康身上传递的那种能量,那种对于建筑的执着与热爱,深深感染了每一个人。正如唐纳德·莱斯利·约翰逊(Donald Leslie Johnson)曾回忆1961年的路易斯·康:

> 一个朝气蓬勃、充满探索精神且十分谦虚的人。正是这种精神,以及路易斯·康对于学生的无私奉献,让他成为学生心中最优秀的教师之一。尽管我们坐在一个令人感到压抑的房间里,旁边还有一张又脏又黑的桌子,但是路易斯·康此时就像是一位坐在大树上的圣人,每一个学生都可以感受到树下的凉爽,他就坐在那里,随时准备跟我们探讨他对于建筑的"感悟"。[12]

菲克列特·耶格(1966年)更是深受路易斯·康的影响:

> 随着知识的积累、阅历的增多,或者年纪的增大,路易斯·康对我的影响,随着时间的流逝而愈加明显。我越来越理解他想要表达的内容,也逐渐明白为什么他对于美国建筑和艺术行业如此重要……路易斯·康强大的思想如今仍会对我有所启发。至今,我还是会透过路易斯·康来理解建筑。有的时候,我也会为当今的建筑专业学生不再了解路易斯·康以及他的设计而感到悲伤。虽然从外面来看,如今依靠计算机生成的设计作品在外观上确实与路易斯·康或是我们那个年代的设计有很大的不同——是的,从今天的眼光来看,路易斯·康确实显得有些老派。但是,在这些年轻人眼里,建筑已经等同于一种时尚,他们只关心当下流行谁的作品。其实我们当年念书的时候也是这样,直到去了路易斯·康的研究生班才改变这个想法;在那里,我们试图找到一些建筑的永恒原则或是不变真理——那种难以捉摸的"形式是……"[13]

加文·罗斯（1968年）也曾对路易斯·康的影响进行如下总结：

路易斯·康向我们揭示了建筑的真正本质，以及如何在知性和直觉的引导下进行设计。他用自己的表达方式讲述着这些内容，直至今日，我仍旧时常回味他当年说过的一些话。当他谈到自己的作品时，总能保持着一种十分谦逊的态度，而当我们在创造过程中遇到瓶颈的时候，他总是给予我们最大的尊重……[14]

还有马克斯·A·鲁滨（1964年），也和他的同学一样，认为路易斯·康所教授的内容不但具有启发性同时具有深刻的内涵：

我们当年上学的时候，大多数人并没有意识到这种经历有多么珍贵。而是在多年之后，才逐渐后知后觉……路易斯·康作为一名教学工作者，最伟大的贡献就是揭示了一种持续探索的思考方式……他的名言"某种事物想要成为什么"，就是这一方法的最佳证明，他对于"第0卷"书的追求，说明了他对事物本质上下求索的精神。[15]

麦可·贝奈（1967年），在路易斯·康1974年离开我们之后，仔细思考了路易斯·康作为一名教师所做出的贡献，发现他所提出的一些设计原则具有很高的普适性，而这一点，路易斯·康自己却往往并没有察觉：

我并不确定是不是路易斯·康开创了建筑设计中对于社会意识的关注，就算不是，那么他也对这方面的发展发挥了极大的推动作用。路易斯·康对于使用者需求的关注推动了当今建筑和心理学、社会学以及人文学之间的关系。虽然路易斯·康当年并没有对这一原则给出明确的定义，但是他却为这几个学科的交叉合作建立了基础。在很多方面,路易斯·康一直都在强调多学科的交融。

路易斯·康同时还强调建筑中的人性化特点,而很多建筑院校早已忽略了这一点。路易斯·康的设计会考虑人的需求,绝对不会为了追求"好的设计"而忽略这些问题。所以说,如今建筑类高校对于人性和社会科学方面内容的强调,其实是在路易斯·康的影响下逐渐发展而来的。

路易斯·康对于建筑教学领域的发展做出的另一个卓越的贡献,便是对于环境设计的强调,他认为所有的设计都必须遵循一致性原则。他十分反对设计工作细化与划分。他并不认同将建筑师细化为城市设计师、景观建筑师、室内设计师和城市规划师。因为上述全部内容都应该是一个建筑师所必须具备的素质,只有全面地培养建筑师的综合能力,才能发挥出建筑师在设计中应有的主导作用……

……只有路易斯·康能将建筑的神奇之处完美地灌输给我们。事实上,在路易斯·康的眼里,建筑就是不可度量的神明,而他的设计就是对神明的供奉。建筑,对路易斯·康而言,是不灭的灵魂。[16]

大卫·伯恩斯坦(1962年)也曾表示,即便当今的实践方式完全不同于往日,但是路易斯·康的影响仍旧发挥着作用:

自1964年以来,我在英格兰主要设计社会/公共住宅项目。我们公司一共有七位合伙人,公司成立之初立志于服务公共事业,所以经常会进行民意调查。公司发展到后来主要承接新建筑和大型住宅区项目,但是在最开始的时候,我们更多的是为低收入家庭改造和修复维多利亚时期的住宅……如今我也退休,和路易斯·康的另一位学生一同担任老年人住房慈善协会的理事,我们都有着相同的设计理念。作为客户代表,我们一直致力于提炼当今建筑师的作品,去掉那些虚有其表的部分,我们希望能恢复建筑本来的"样子"。[17]

马丁·E·里奇（1964年）赞同上述评价，并且认为路易斯·康对于"初始"和"信仰"的追求对自己产生了尤为重要的影响，这份追求激发我"去探索客户与项目之间的心理和感情联系"。无论是在教学还是实践工作中，里奇都能列举出研究生课程是如何一直影响着自己的职业生涯的：

> 路易斯·康曾建议我们每一个人，都应该去探索出一条属于自己的建筑之路。他曾说过我们可以通过去其他建筑师所创办的事务所打工，来获得制图和建造的宝贵经验。我记住了这句话，所以当我有了实习机会的时候，我马上接受了这份工作。
>
> 路易斯·康坚信，不管是在事务所还是在学校工作，每个人都应试图成为一个老师。所以在我事业刚起步的时候，我就坚定了去建筑学院做老师的想法。在我进行建筑实践工作的时候，我也会尽量创造一种学习和交流的环境，从而带给那些我培训出来的年轻建筑师一种正面的影响。
>
> 最后，当年在课堂上所培养的自我认知和敏锐的察觉能力，让我和我的客户之间形成了一种融洽的合作关系。正是怀着这种对专业的一腔热情，让我能够坚持挖掘出项目内在的需求，从而创造出具有价值的作品，也为其他人带来更美好的生活。[18]

小约翰·泰勒·塞得那（1962年秋季）曾试图将研究生班的经历和他之前的学术背景整合在一起，他最终发现，只有通过路易斯·康本人的解释，才能最好地理解路易斯·康的作品。在本科学习过程中，人们将路易斯·康的作品解读为一种对现代主义的反抗，后来通过路易斯·康的解释他才领悟到其中蕴含的"纯艺术"价值：

> 我曾看过他所谈到的那些内容，对砖块和光线的运用，以及正在理查兹

建造的项目（1961年），然后我觉得我看到了未来：精致非粗糙的混凝土；重复的形式；私密与公共空间的描述；节点和服务新空间的设计；对任何一个可居住空间中光的着重处理。[19]

当从研究生班毕业以后，塞得那意识到应该放宽自己的建筑视野，而不能仅仅局限在"A"（指 architecture 的第一个字母）这个字母上，而是应该如路易斯·康所说，将其他相关的学科吸纳进来，才能站在更宏观的视角来思考问题，才能将建筑与建筑之间的关系，城市设计方面的内容包含进来。作为一名宾大的毕业生，塞得那"从路易斯·康的身上学到了对于建筑的热情，从麦克哈格身上学会了分析环境的方法和哲学思想，从达维多夫（Davidoff）身上了解到民意的重要性"。[20] 于是他开始专研环境规划领域，当然也包括建筑。

J·迈克尔·柯布（1970年）也曾指出，研究生班的学习经历让他学会以批判性的方式来进行设计，并且独立地思考自己的职业发展方向，最终远离了建筑行业：

路易斯·康对于空间世界中的"形式"的不断探索精神深深影响了我——让我学会"通过现象"看本质。同时也让我学会了去信任自己的直觉，从而探索出一条属于自己的职业道路。

……在路易斯·康的影响下，我坚定了探索"自我道路"的信仰，透过我的作品以及我的职业来了解这个世界，而不被常规专业领域所限。最能证明这一点的，就是当年还是一个年轻人的我，选择加入了具有国际知名度的工程建设公司，柏克德工程公司（Bechtel），并且成为该公司最年轻的经理，成为一名国际技术总监……主要负责公司的国际项目拓展工作……所以，在路易斯·康的工作室求学的那段经历，对我最主要的影响，就是帮助我认清了自己

想要发展的方向，成为一名城市设计师而不是"建筑师"……[21]

　　正如之前所说，路易斯·康也会招来一些评论家的不满，尤其是那些无法理解路易斯·康那种特殊表达方式的专业人员，将路易斯·康有时含蓄的表达方式讽刺地曲解成"障眼法"。尽管路易斯·康在和他们的对话中并没有任何隐瞒，但是路易斯·康的设计理念总是过于理想化，对于这些每天要应付路易斯·康所谓的"市场"需求的建筑师们来说，路易斯·康的想法有时甚至过于幼稚。不过正是由于他们给自己套上了职业的枷锁，所以才在持续压力的驱使下，放弃了对于梦想的追求。

　　路易斯·康在课程上会一直暗示终身探索的重要性，以及坚持追寻建筑内涵。他强调奇迹、快乐、知识、领悟、可度量以及不可度量这些概念的重要性。在路易斯·康这种完美主义思想的鼓励下，研究生班的大部分学生都渴望成为艺术家以及哲学家，当然也包括建筑师。路易斯·康曾说过："任何艺术作品都源自于人的愉悦感受。而悲伤的情绪往往早就没有艺术性的作品。因此，创造的起点，是喜悦的开始。"[22]

　　这种将建筑视为艺术，而非解决问题的工具的做法，让路易斯·康的学生逐渐将自己定义成一群艺术建筑师。在科门登特看来，路易斯·康在该方面所采用的这种教学方法容易助长学生自满的情绪，科门登特的话确实有一定道理。毕业之后，那些以优异的成绩从宾大毕业的学生都被看成年轻的哲学家或是才华横溢的设计师，然而当他们进入社会以后，却发现自己和大多数其他毕业生一样，做着实习生最底层的工作。在这种情况下，他们对实践工作的美好期待就难以避免地落空。而且一些人还会发现，如果不用路易斯·康所使用的那些晦涩的词汇，很难表达出研究生期间学到的一些概念，但是这么做的话，会让那些不擅用哲学角度来思考设计的同事感到不适应。这也解释了为什么路易斯·康的大部分学生更愿意在教学工作中而不是实践工作中借鉴路易斯·康的一些理念，毕竟在学术环境中，人们更愿意接受一些不熟悉的理念想法。

正如谢尔曼·阿龙森（1974年）所说，路易斯·康的学生在毕业之后，大部分人既从事实践工作，也会从事教育工作，尽管路易斯·康的思想在他们个人的发展中，都产生了极其重要的影响，但是在实际的项目中，却存在一定的局限性。阿龙森发现，在实际工作中，是无法使用路易斯·康的理念来和客户沟通的，他在工作室中所学到的内容，必须转化成实用的观点才能让客户对自己的设计概念买单。尤其是那些特别看重项目预算的客户，路易斯·康的一些观点，比如通过制造空间来展现内部的结构，并不利于控制造价。如果想要运用路易斯·康的理念，就必须要把路易斯·康用于描述建筑中不可度量方面的特性的抽象概念具体化。比如在设计学校的时候，将强调自然光的利用这一说法变成改善学生学习环境与降低能耗。

尽管科门登特总是直接批评路易斯·康教学方法中所存在的一些问题，但是最后他还是对路易斯·康作为一位教育工作者所做出的贡献给予了肯定。"路易斯·康的伟大思想和高尚的灵魂将会一直引导着当下的年轻建筑师们前行，尤其是他的学生们。他的谆谆教诲就像是落入凡间的金尘，播撒着希望的力量。"[23]

路易斯·康在普林斯顿的时候，曾指导过罗伯特·文丘里的毕业论文，随后文丘里曾在路易斯·康的事务所打工，同时也是他的助教。在回忆自己以及丹尼斯·斯科特·布朗与路易斯·康之间关系的时候，文丘里曾说过，他们是在路易斯·康的启发下，探索出了自己的发展道路：

> 作为路易斯·康早期的学生，我们都是在他的启发下发展出了自己的道路……就像路易斯·康当年受到了保罗·克雷特、柯布西耶（Le Corbusier）、理查德·巴克敏斯特·富勒（Buckminister Fuller）的启发一

样,而这种启发会通过他的学生一代一代传递下去。[24]路易斯·康自己也是一位伟大的教师;我以路易斯·康学生的身份来思考并且总结出下面一段话——那就是,我是在路易斯·康和他的作品启发下找到了自己的道路,而并不是他单纯的追随者——路易斯·康并不是转变了我而是赐予了我自由。[25]

在文丘里的眼中,路易斯·康就是一个完美主义者。"路易斯·康强调的是一些难以理解形而上学的概念,通过对思想、精神、身体以及永恒绝对真理的思考,透过现象看到事物的本质。"[26]

尽管丹尼斯·斯科特·布朗(1964年秋)和路易斯·康的设计风格并不相同,但是她仍旧认为路易斯·康是一位杰出的老师,而且作为老师的优点要大于他的缺点:

路易斯·康通过对基本原则和本质探索的强调,让学生们看到并且加入他思想的发展历程中来,直到概念逐渐变得清晰。也正是通过这种方式,学生们开始感受到路易斯·康的探索精神;路易斯·康让我们明白身为建筑师应该关注人性,从问题的本质出发而不是强加自己的思想,只有这样才能降低方案的不定性和肤浅度。[27]

从事教育工作的安东尼·E·塔兹米兹(1974年)曾表示:

路易斯·康有着清晰的思路和渊博的知识。跟他在一起的每分每秒都让人感到难忘。路易斯·康就像是一个出色的心理学家,随时在分析病人潜在的问题。在听取学生的设计汇报时,他总能马上理解整个设计的核心价值,以及设计者对于建筑的哲学思想,因此,可以帮助学生更好地理解自己的设计,从而进一步提高自己的能力。对我来说,印象最深刻的是路易斯·康所布置的设计题目具有很高的抽象性,以及路易斯·康根据每个学生对于设计的理解给出评价的过程。[28]

理查德·索尔·沃尔曼(Richard Saul Wurman)总结到:"在我看来路易斯·康也许是世界上最好的老师了,因为他让我们成为更好的自己。"[29]对大多数学生来说,研究生班所教授的内容完全改变了他们之前所接受的以功能性主义为核心的教育理念。在随后的日子里,大多数学生都对路易斯·康心存感激,因为他开阔了他们对于建筑的视野,为他们未来的实践以及教育工作奠定了坚实的基础。

研究生班所教授的内容并不是所有人都能理解的,只有那些主动接受路易斯·康的引导,才能看到一个未知的世界,一个能够改变他们人生的建筑世界。从20世纪60年代到70年代早期,研究生班上以及其他地方的许多学生都开始从文丘里等人所说的"正统现代主义"中清醒过来。因为,对于这些人而言,路易斯·康的理念其实是为他们打开了一扇新的大门,尤其是路易斯·康对历史所采取的包容态度,同时呼吁人们学习传统建筑中的人性化价值。路易斯·康让学生们摆脱了在20世纪中期占据主导地位但是缺乏个性的功能主义的禁锢,展示给大家一个充满潜力、富有深意且崇高向上的精神世界。

该时期大部分的现代主义风格建筑作品,都过于冷血,过于平淡,缺乏对于使用者需求的考虑。路易斯·康并没有对现代主义全盘否定,而是将人性化融入其中,并且传授给了他的学生们。查德·T·里普(1962年)曾表示:

> 路易斯·康赋予现代主义建筑以感情。他了解光的积极品质、空间关系和基本的传统建筑形式,他坚持探索每个元素的本质……路易斯·康的建筑是人

性化的建筑，而非理性建筑。对现代主义追本溯源的话，还是要回归到人性化的本质中来。[30]

诺尔曼·莱斯就路易斯·康作为一名教师所做出的贡献有如下总结：

他就是一位充满热情的建筑传教士……在工作室里，他和学生之间来来回回地探讨，也给了路易斯·康许多灵感，帮助他打赢了许多场建筑的硬仗。他诗意的表达方式，宏观的视角，与音乐进行类比的方式以及对事物本质的追求，总能让学生为之着迷。通过路易斯·康的讲解，学生们第一次看到一段台阶，一柱一梁，甚至一面墙的本质，以及砖石与混凝土本质的区别。路易斯·康让他们明白，单纯因为解决了设计项目中存在的某些问题而感到满足，是绝对不够的。最重要的是，路易斯·康会以自己作为例子去激励他的学生们，成为一个关注建筑本质，关注场地和形式的建筑师。[31]

最后，我想说的是，路易斯·康的研究生教学工作所留给后人的，并不是他教授的内容，并不是"如何做"，也不是他所提出的那些问题的答案。而是对问题本身的思考，对"做什么"的不断追问和探索，对建筑本质的上下求索。路易斯·康最杰出、最持久的贡献，便是激发了他的学生们的自信，去尽可能地相信自己的直觉与感觉，将对事物本质的探索变成一生的追求。对于那些投身于建筑实践工作中的学生们来说，路易斯·康真正做到了"给他们绝对的自由"，让他们找到了自己的道路。而对于那些致力于教育事业的学生来说，他们会将路易斯·康的思想传递给自己的学生，而其中一部分人又会成为教师，所以路易斯·康的精神将一直传承下去，影响一代又一代的年轻建筑师。

本节参考文献

1 August Komendant, 18 Years with Architect Louis I. Kahn (Englewood, NJ: Aloray, 1975), p. 175.
2 John Tyler Sidener Jr., "Me and Lou," unpublished essay, 2011.
3 David Bernstein, letter to the author, August 17, 2011.
4 Brian Dudson, letter to the author, August 22, 2011.
5 Fred Linn Osmon, "An Interlude - The Louis I. Kahn Studio," unpublished essay, 2014.
6 Moshe Safdie, as quoted in Richard Saul Wurman, What Will Be Has Always Been: The Words of Louis I. Kahn (New York: Access Press and Rizzoli International Publications, 1986), p. 295.
7 Alison and Peter Smithson, as quoted in Wurman, p. 298.
8 Alessandra Latour, ed., "Louis I. Kahn: l'uomo, il maestro" (Rome: Edizioni Kappa, 1986), p. 371.
9 Peter Shepheard, as quoted in Wurman, p. 304.
10 Stan Field, letter to the author, October 11, 2011.
11 Gavin Ross, letter to the author, December 20, 2012.
12 Donald Leslie Johnson, "Recollections of Lou Kahn," Progressive Architecture, August 1961.
13 Fikret Yegul, "Louis Kahn's Master's Class," unpublished essay.
14 Gavin Ross, letter to the author, October 11, 2011.
15 Max A. Robinson, "Reflections Upon Kahn's Teaching," unpublished essay, September 15, 2011.
16 Michael Bednar, "Kahn's Classroom," Modulus, 11th issue, 1974, University of Virginia School of Architecture.
17 Bernstein.
18 Martin E. Rich, AIA, "Recollections on the Master Degree Class, University of Pennsylvania, 1963 to 1964," unpublished essay, 2011.
19 Sidener.
20 Ibid.
21 J. Michael Cobb, "Thoughts on Louis I. Kahn," unpublished essay, 2011.
22 Kahn, as quoted in Komendant, p. 173.
23 Komendant, p. 191.
24 Robert Venturi, Iconography and Electronics Upon a Generic Architecture (Cambridge, MA: The MIT Press, 1996), pp. 86.
25 Ibid., p. 87.
26 Ibid., p. 89.

27 Denise Scott Brown as quoted in "Louis Kahn at the University of Pennsylvania," Terence Farrrell, ed., Arena (London: Architectural Association, vol. 82, no. 910, March 1967), pp. 216-219.
28 Anthony E. Tzamtzis, letter to the author, November 16, 2011.
29 Wurman, Introduction.
30 Richard T. Reep Sr., "The Icon: Memories of Lou Kahn's Master's Class, 1961-62," unpublished essay.
31 Norman Rice, as quoted in Wurman, p. 294.

设计问题与学生构成，1955—1974 年

如今，路易斯·康的学生们通过他们的作品将路易斯·康的思想发扬光大。宾夕法尼亚大学费舍尔艺术图书馆四楼，路易斯·康当年教书的教室，已经重新以路易斯·康的名字命名，如今成为人们的朝圣之地。与路易斯·康相关的文件档案，被宾夕法尼亚联邦政府全部保留了下来，并且从 1977 年开始，由宾夕法尼亚大学永久收藏保管，如今就放在宾大建筑图书馆首层的"Harvey&Irwin Kroiz 艺术馆"内。其中包括记录研究生班课程内容的照片、图纸以及音频和视频资料，以便大家更好地了解当年的教学过程。路易斯·康曾表示，他从学生身上所学的内容要比教授给学生的还要多，那么有人就会问了："他的学生都包括哪些人呢？"

宾大设计学院的记录档案给出了这个问题的答案。[1] 根据该学院的成绩单记载可知，总共有 427 名学生，曾通过参加路易斯·康的研究生课程获得了第二职业学位。记录中学生的基本信息包括年龄、性别、出生地、住址以及早期获得过的学位，以上信息也可以让我们了解路易斯·康的班级学员构成的多样性。对于路易斯·康来说，这种多样性的组成十分重要，让他可以从不同的学科视角来思考他在建筑领域中所碰到的各种问题。

学生的年龄组成在 21～54 岁之间，平均年龄为 26～27 岁。研究生班所招收的学生毕业于 133 个不同的高等教育机构，其中 60 所学校的排名要优于宾夕法尼亚大学。大部分学生都持有美国大学的第一文凭，超过 40% 的学生来自海外国家。有 15 名学生来自巴黎的高等艺术学院，超过了 20 世纪第一个 10 年内从宾大去巴黎深造的学生总数。[2] 留学生主要来自于南非、土耳其、印度、泰国、日本、德国、英国以及加拿大。值得一提的是，女性学生仅有 16 人，所占比例不到总人数的 4%，而且其中仅有三人来自美国本土。

学生成绩单中反映出最有意思的信息，就是路易斯·康和学生一同解决

的设计问题题目列表。在课程伊始的时候,路易斯·康主要根据他和学生以及同事们之间所探讨的话题来选取题目。还有的时候,路易斯·康会布置为期一周的手绘问题作业,来评价学生的个人能力。比如他在 1957 年的秋天,就以他当时刚接手的位于俄克拉荷马州赫伯特与罗紫琳·古斯曼博物馆项目作为学生的设计题目。[3] 通常情况下,路易斯·康都是和他的学生一起进行项目的前期思考工作——比如位于达卡的议会综合楼项目,就是在 1962 年 3 月,路易斯·康首次从孟加拉回国后马上给学生布置的题目。而任务书中的相关内容,正是路易斯·康前几周从他的客户手上所获得的资料内容。[4] 作业要求普遍比较关注机构的复杂性和空间关系方面的内容。题目表里唯独缺少艺术博物馆设计,而路易斯·康的这类设计作品却为大众所熟知。这个列表上存在的最后一个问题,也是最让人难过的一点,就是路易斯·康几乎在每一届课程计划进行到一半的时候,通常都会给出的题目——"学校设计",在他任教的最后一个学期却没有相关记载,这是因为在 1974 年 3 月 17 号的时候,路易斯·康永远地离开了我们。

上文内容均选自宾大建筑档案馆所保存的研究生成绩记录。附录 A 列出了路易斯·康所指导的研究生班每届毕业生的名单(平均每个班级 24 人)。其中 1961 年、1964 年和 1966 年学生人数有明显的增加是由于宾大开设的城市设计课程扩招了班级的人数。这些学生中,有 10% 的人参加了路易斯·康一个学期的课程,并且在完成全部规定教学内容后,获得了建筑与城市规划的双硕士学位证书。附录 B 记载了路易斯·康的研究生班上的留学生分布情况,附录 C 记载了留学生之前所就读的高等院校的组成。

威廉·威特肯
馆长兼藏书主管
宾夕法尼亚大学建筑档案馆

研究生班导师

谢尔曼·阿隆森（Sherman Aronson）

美国建筑师协会会员，LEED（建筑设计与建造），1974 年研究生班导师，费城 BLT-Architects 事务所高级工程师，主要研究可持续设计和历史保护。卓克索大学建筑学院副教授。

麦可·贝奈（Michael Bednar）

美国建筑师协会资深会员，1967 年研究生班导师，弗吉尼亚大学建筑学院荣誉教授，负责建筑设计课程和城市设计理论课，拥有 40 年的教学经验，共出版了 4 本书。

大卫·伯恩斯坦（David Bernstein）

1962 年研究生班导师，伦敦莱维特·伯恩斯坦（Levitt Bernstein）建筑事务所和"Circle 33"房屋托管公司的创始人之一，主要研究社会住宅和艺术家建筑。

米迦勒·科布（J. Michael Cobb）

博士，美国注册规划师，1970 年研究生班导师，城市设计师、规划师，发展顾问。曾直接参与沙特阿拉伯朱拜勒新工业区总体规划和城市设计项目，并且参与过许多国际规划项目。他的大多数实践项目都位于美国新泽西普林斯顿市。

詹姆士·L·卡特勒（James L. Cutler）

美国建筑师协会资深会员，1974 年研究生班导师，于 1977 年在华盛顿的双桥岛建立了自己的公司（Cutler Anderson Architects），主要承接私人住宅和企业项目。曾在哈佛大学、达特茅斯大学、宾夕法尼亚大学、俄克拉荷马大学、加州伯克莱分校、华盛顿大学和俄勒冈大学教授设计课程。

爱德华·D·安德列（Edward D'Andrea）

注册建筑师，1967 年研究生班导师，实践项目位于马布里和加利福尼亚。主要负责私人住宅项目。曾在新罕布什尔州的佛兰科尼亚学院教授建筑设计，随后与 William C. Reed 一起合开了一家承接建筑设计和土地规划项目的公司。

小查尔斯·E·达继特（Charles E. Dagit Jr.）

美国建筑师协会资深会员，1968 年研究生班导师，位于费城的 Dagit-Saylor 建筑事务所前任合伙人。曾在天普大学、宾夕法尼亚大学和德雷塞尔大学任教。同时也是 Louis I. Kahn-Architect: Remembering the Man and Those Who Surrounded Him 一书的作者。

戴维·G·德隆（David G. De Long）

博士，1963 年研究生班导师，建筑师，建筑历史学家，宾夕法尼亚大学建筑学院荣誉教授。《路易斯·康：在建筑的王国中》（Louis I. Kahn: In the Realm of Architecture）一书的合著者。

布瑞恩·达德森（Brian Dudson）

1964 年研究生班导师，现已退休。建筑师，城市规划师，曾在新西兰、中国香港、美国、马来西亚和澳大利亚工作。曾研究过未来城市中自动化汽车如何实现全机动化移动。

戴维·C·埃克罗斯（David C. Ekroth）

美国绿色建筑协会成员，1971 年研究生班导师，设计过宗教、商业、医疗和住宅类建筑。曾在爱荷华州立大学、马来西亚科技大学、德州农工大学和达克萨斯大学（奥斯丁）执教。

斯坦·菲尔德（Stan Field）

南非建筑师协会成员，英国建筑师协会成员，美国建筑师协会会员，1969 年研究生班导师，南非人。主要作品分布在帕洛阿尔托和加利福尼亚。曾在加州大学伯克利分校、加州艺术学院和斯坦福大学做过访问学者。

约翰·雷蒙德·格里芬 [John Raymond（Ray）Griffin]

建筑学组研究院，1964 年研究生班导师，曾在加拿大温哥华设计过实际项目，"Dalla-Lana/Griffin 建筑事务所"合伙人之一，现已退休，如今在 DGBK 建筑事务所工作。

米格尔·安吉尔·吉萨索拉（Miguel Angel Guisasola）

1970 年研究生班导师，曾在阿根廷门多萨设计过实际项目。曾是门多萨州立政府聘用的副总建筑师，曾在门多萨大学和库约国立大学教授建筑和结构设计课程。

丹尼斯·L·约翰逊（Dennis L. Johnson）

1961 年研究生班导师，曾是位于费城的"Johnson/Smith 建筑与规划事务所"的合伙人，费城建筑师，主要承接图书馆、学校和残障人士机构等建筑项目。

唐纳德·莱斯利·约翰逊（Donald Leslie Johnson）

1961 年研究生班导师，建筑学教师，建筑与城市规划历史学家。南澳大利亚大学建筑历史专业副教授。

托尼·容克（Tony Junker）

1964 年研究生班导师，澳大利亚皇家建筑学会会员，是易美逊和平美术馆的创始人，费城"UJMN 建筑与设计事务所"的创始人之一，擅长博物馆和展览馆规划和设计项目。曾在宾夕法尼亚大学、哥伦比亚大学、北卡罗来纳州立大学和摩尔艺术学院任教。

姆斯－尼尔森詹姆斯·尼尔森·凯斯二世［James Nelson Kise II（1937-2012）］

美国建筑师协会资深会员，1961 年研究生班导师，费城 Kise，Straw and Kolodner 事务所的创始人之一，设计和规划过许多有名的实际项目，提倡现代设计理念和历史保护思想的结合。

蒂姆·麦金蒂（Tim McGinty）

美国建筑师协会会员，1967 年研究生班导师，有将近 30 年的执教经验，建立了 National Conference on Beginning Design Students（译者注：专门研究设计初学者的教育问题）。同时，也是 McGINTY 事务所的创始人之一，主要承接书店和零售产业设计。

格伦·米尔恩（Glen Milne）

1964年研究生班导师，半退休，在加拿大渥太华和美国佛罗里达的安娜玛利亚市工作。写过一些关于政府政策、规划发展和组织策略领域方面的书籍，同时也是这些领域内的高级顾问。

加里·莫伊（Gary Moye）

1968年研究生班导师，俄亥俄州尤金市建筑师，俄亥俄州大学荣誉副教授。1968—1974年间，曾就职于路易斯·康的事务所。1974年路易斯·康去世后，作为路易斯·康的继承公司的合伙人，负责完成了事务所当时的在建项目。1986年，建立了Eugene工作室。

弗莱德·林恩·奥斯蒙（Fred Linn Osmon）

1962年研究生班导师，退休建筑师，曾在加州大学伯克利分校和亚利桑那州立大学任教。居住在亚利桑那州的凯尔福利市，并在1973—2005年间，承接一些私人委托建筑项目。

老理查德·T·里普（Richard T. Reep Sr.）

美国建筑师协会会员，1962年研究生班导师。1969年以前，一直在克莱姆森大学建筑学院任副教授一职。如今，就职于佛罗里达州杰克逊维尔市的KBJ建筑事务所，设计过酒店、教堂和学校等项目。

马丁·E·里奇（Martin E. Rich）

美国建筑师协会会员，LEED（建筑工程师），1964年研究生班导师，曾在纽约从事建筑设计工作40年，擅长医疗类规划项目。出版过多本著作，曾到多个地方举办讲座。曾是劳伦斯技术大学建筑学院和纽约技术学院建筑系副教授，曾到普瑞特艺术学院和耶鲁大学做交流学者。

马克斯·A·鲁滨（Max A. Robinson）

1964年研究生班导师，退休建筑师，曾在奥斯丁、阿斯本、威奇托和诺克斯维尔设计过实际项目。曾在田纳西大学担任荣誉教授，同时也是建筑学院的主任。曾设计过阿帕拉契山手工艺品博物馆、银行总部、网球运动场和一家兽医综合体大楼。如今是一名实践艺术家。

加文·罗斯（Gavin Ross）

苏格兰皇家建筑师，1968 年研究生班导师，现已退休，居住在苏格兰。曾任罗伯特戈登大学副校长，爱丁堡艺术学院校长，大伦敦议会建筑师、规划师。

丹尼斯·斯科特·布朗（Denise Scott Brown）

1964 年研究生班导师，建筑师、规划师，理论学家，作者和教育工作者。曾在宾夕法尼亚大学、UC 伯克利大学、加州大学洛杉矶分校、耶鲁大学和哈佛大学任教，影响了世界各地的很多学生以及建筑师。罗伯特·文丘里公司和斯科特·布朗联合事务所董事，曾在全球范围内参与过一系列校园规划等建筑与城市规划类项目。

小约翰·泰勒·塞得那（John Tyler Sidener Jr.）

美国建筑师协会资深会员，1962 年秋季研究生班导师，曾在柏克德公司和夏威夷大学就职。如今在西雅图周边定居，主要从事写作工作。

卡尔·G·史密斯二世（Karl G. Smith II）

美国建筑师协会会员，1972 年研究生班导师，目前在三藩市从事建筑设计工作。擅长居住类项目，如今担任旧金山艺术学院建筑系评审。

戴维·S·特劳布（David S. Traub）

美国建筑师协会会员，1965 年研究生班导师，在费城创立了戴维·S·特劳布建筑师、规划师以及室内设计师联合事务所。建立了"Save Our Sites"和"SOS"两个历史与城市保护组织。设计项目有位于费城的朱诺德设计中心和梅森别墅，位于新泽西马盖特的戈登别墅。

戴维·特里特（David Tritt）

美国建筑师协会会员，1972 年研究生班导师，高级建筑师，就职于三藩市的 Aetypic 建筑事务所。曾是俄亥俄州立大学建筑学院副教授，如今在诺尔顿建筑学院就职。

安东尼·E·塔兹米兹（Anthony E. Tzamtzis）

1974年研究生班导师，来自希腊。在佛罗里达的迈阿密从事建筑实践工作，擅长环境设计和酒店施工管理，设计过学校和住宅类项目。曾在迈阿密大学建筑学院出任讲师和客座教师一职。

菲克列特·耶格（Fikret Yegul）

博士，1966年研究生班导师，来自土耳其。目前是加州大学圣巴巴拉分校建筑历史专业教授。曾出版过多本著作，发表过多篇文章，其中包括 *Bath and Bathing in Classical Antiquity*。

坚吉兹·伊肯（Cengiz Yetken）

美国建筑师协会会员，1966年研究生班导师，来自土耳其。曾在宾夕法尼亚大学、中东技术大学、鲍尔州立大学、弗吉尼亚大学和芝加哥艺术学院教授建筑学课程。曾在路易斯·康事务所、"SOM事务所"和芝加哥的"Perkins + Will事务所"从事建筑设计工作。

附录 A

路易斯·康所指导的研究生班名单，1955—1974

1955—1956	Arch.600
Fall	University of Pennsylvania skating rink
Spring	No class
Graduates	6 men, 1 woman (Germany: 1; Japan: 1; Thailand: 2; US: 3)
1956—1957	Arch.600
Fall	Arena for the City of Philadelphia
Spring	Faculty Club for the University of Pennsylvania
Graduates	10 men, 1 woman (Austria: 1; Thailand: 2; UK: 1; US: 7)
1957—1958	Arch.600
Fall	House in Tulsa, Oklahoma; Problem 2: student's choice
Spring	Fine Arts School of the University of Pennsylvania
Graduates	16 men (Australia: 1; Austria: 1; Germany: 1; Syria: 1; Namibia: 1; Turkey: 3; US: 8)
1958—1959	Arch.600
Fall	Problem 1 and 2: student's choice
Spring	City High School and City Center
Graduates	13 men (Belgium: 1; Ireland: 2; US: 10)
1959—1960	Arch.600
Fall	Unitarian church
Spring	Problem 2: student's choice
Graduates	16 men, 3 women (Australia: 1; Argentina: 1; Belgium: 1; Canada: 1; Germany: 1; Japan: 1; South Africa: 1; Thailand: 1; UK: 1; US: 9; Yugoslavia: 1)
1960—1961	Arch.700
Fall	Salk Medical Research Center; house in Chestnut Hill
Spring	Luanda consulate and residence; performing arts barge, River Thames, London
Graduates	31 men, 1 woman (Argentina: 1; Australia: 1; Botswana: 1; Canada: 1; Columbia: 2; Egypt: 1; France: 1; India: 1; South Africa: 2; Syria: 1; Taiwan, China: 1; Thailand: 2; Turkey: 1; US: 15; Venezuela: 1)

附录 A　路易斯·康所指导的研究生班名单，1955—1974

1961—1962	Arch.700
Fall	Market Street East
Spring	Parking garage
Graduates	25 men (Canada: 2; Egypt: 2; Germany: 1; South Africa: 3; Turkey: 1; US: 16)

1962—1963	Arch.700
Fall	Science building for California; Benedictine monastery
Spring	House in Hatboro, PA; second capital for Pakistan
Graduates	22 men (Denmark: 1; Egypt: 1; Japan: 1; Portugal: 1; Southern Rhodesia: 1; Turkey: 1; UK: 1; US: 15)

1963—1964	Arch.800
Fall	Fine Arts Center, Fort Wayne, IN; private school, Philadelphia, PA
Spring	Urban redevelopment, Philadelphia, PA
Graduates	38 men, 1 woman (Belgium: 1; Canada: 5; Egypt: 1; France: 2; Germany: 1; India: 1; Ireland: 1; Japan: 1; Korea: 1; New Zealand: 1; Panama: 1; South Africa: 1; Turkey: 1; UK: 2; US: 18; Venezuela: 1)

1964—1965	Arch.800
Fall	Fine Arts Building, University of Pennsylvania; place of wellbeing
Spring	Governor's mansion, Harrisburg, PA
Graduates	26 men (Argentina: 1; Estonia: 2; Germany: 1; Iran: 1; Japan: 1; Thailand: 1; Turkey: 1; US: 17; Venezuela: 1)

1965—1966	Arch.800
Fall	Benedictine monastery, Valyermo, CA; Allen's Lane Art Center
Spring	Benjamin Rush Junior High School, Philadelphia, PA; monument to F.D. Roosevelt, Washington, DC
Graduates	27 men, 3 women (Australia: 1; Canada: 2; Germany: 2; India: 5; Thailand: 1; Turkey: 1; UK: 2; US: 16)

1966—1967	Arch.800
Fall	Library, Phillips Exeter Academy; Planning for Central and East Central Philadelphia
Spring	Greek Orthodox church and school; Boy's Club
Graduates	21 men (Argentina: 1; Australia: 1; Canada: 3; France: 1; Korea: 1; Japan: 1; South Africa: 1; Turkey: 2; US: 10)

1967-1968	Arch.800
Fall	Center City block development; office building

Spring	Comprehensive plan for University of Pennsylvania
Graduates	Graduates 20 men (Argentina: 1; Germany: 2; India: 1; Peru: 1; UK: 3; US: 12)
1968-1969	Arch.800
Fall	University Center; Eastwick High School
Spring	House in Washington, DC; "Philadelphia"
Graduates	24 men (Belgium: 1; Bolivia: 1; Denmark: 1; France: 1; Germany: 2; Italy: 1; Japan: 1; Lebanon: 1; Portugal: 1; South Africa: 1; Switzerland: 1; Thailand: 2; US: 10)
1969-1970	Arch.800
Fall	N. Independence Mali, Philadelphia, PA; middle school
Spring	A City Place
Graduates	26 men (Argentina: 1; Australia: 1; Belgium: 1; France: 3; Iran: 1; Ireland: 1; Jamaica: 1; Netherlands: 2; Thailand: 1; Tunisia: 1; Turkey: 1; US: 12)
1970-1971	Arch.800
Fall	Philadelphia Forum; street and row house; Bicentennial Expo building Public bath house; problem 2
Spring	
Graduates	24 men, 2 women (Ecuador: 1; Ethiopia: 1; France: 3; Germany: 1; India: 1; Iran: 1; Ireland: 1; Thailand: 1; US: 15; Yugoslavia: 1)
1971-1972	Arch.800
Fall	House development, Society Hill; Byberry site
Spring	Music school; room
Graduates	20 men, 2 women (France: 4; Greece: 1; India: 1; Netherlands: 1; South Africa: 1; Thailand: 4; US: 10)
1972-1973	Arch.800
Fall	Girard College; shopping mall
Spring	Graduate Theological Union Library, Berkeley, CA; city Philadelphia
Graduates	Graduates 21 men, 1 woman (Bahamas: 1; India: 1; Iran: 3; Iraq: 1; Japan: 2; Kuwait: 1; Norway: 1; Portugal: 1; Taiwan: 1; US: 9; Yugoslavia: 1)
1973-1974	Arch.800
Fall	Development at 17th and Chestnut Streets, Philadelphia; room
Spring	Rejuvenation of North Philadelphia; School (not assigned due to Kahn's death)
Graduates	26 men (Belgium: 2; France: 3; Greece: 1; Japan: 1; Korea: 1; Netherlands: 1; Saudi Arabia: 1; Taiwan: 1; US: 15)

附录 B
路易斯·康所指导的研究生班留学生分布情况

North America (245 graduates):
United States: 230; Canada: 13; Bahamas: 1; Jamaica: 1

Europe (73 graduates):
France: 18; Germany: 13; United Kingdom: 10; Belgium: 7; Ireland: 4; Netherlands: 4; Portugal: 3; Yugoslavia: 3; Austria: 2; Denmark: 2; Estonia: 2; Greece: 2; Italy: 1; Norway: 1; Switzerland: 1

East and South Asia (44 graduates):
Thailand: 17; India: 12; Japan: 9; Korea: 3; Taiwan, China: 3

Middle East (29 graduates):
Turkey: 12; Iran: 6; Egypt: 5; Syria: 2; Iraq: 1; Kuwait: 1; Lebanon: 1; Saudi Arabia: 1

Africa (15 graduates):
South Africa: 10; Ethiopia: 1; Tunisia: 1; Namibia: 1; Botswana: 1; Southern Rhodesia: 1

Central and South America (14 graduates):
Argentina: 5; Venezuela: 3; Columbia: 2; Bolivia: 1; Ecuador: 1; Panama: 1; Peru: 1

Australia (7 graduates):
Australia: 6; New Zealand: 1

附录 C
路易斯·康所指导的研究生班留学生之前所就读的高等院校组成

Academie van Bowkunst, Amsterdam, Netherlands
Academy of Fine Arts, Istanbul, Turkey
Admitted without a degree
Ain Sham University, Cairo, Egypt
Alexandria University, Egypt
American University, Beirut, Lebanon (2)
Architectural Association, London, England (3)
Aristotle University, Thessaloniki, Greece
Auburn University
Cairo University, Egypt (4)
Canterbury College of Art, England Carnegie Institute of Technology (4)
Catholic University of America Cheng Kung University, Taiwan Cheng Yuan Christian College, Taiwan Chulalongkorn University, Bangkok, Thailand (15)
Clemson University (7)
College of Engineering, Riyadh, Saudi Arabia Columbia University (2)
Cornell University (8)
Drexel University Durham University, England
Ecole Nationale Superieur des Beaux-Arts, Paris, France (15) Edinburgh College of Art, Scotland
Eidgenossische Technische Hochschule, Zurich, Switzerland Escola Superior de Belas-Artes de Lisboa, Portugal (2)
Georgia Institute of Technology (7)
Harvard University (2)
Illinois Institute of Technology (2)
Indian Institute of Technology, Kharagpur, India Institut Saint-Luc, Bruxelles and Tourvai, Belgium (7)
Iowa State University (3)
Isik School of Engineering and Architecture, Istanbul, Turkey
Istanbul Technical University, Turkey Istanbul University
Istituto Universitario di Architettura di Venezia, Italy (2)
Lisbon University, Portugal
London University, England
Lycee College, Istanbul, Turkey
Maharaja Sayajirao University of Baroda, India (5)
Massachusetts Institute of Technology (8)
McGill University, Montreal, Canada Miami University of Ohio (2)

附录 C 路易斯·康所指导的研究生班留学生之前所就读的高等院校组成 / 273

Middle East Technical University, Ankara, Turkey (7) Montana State University Musashi Institute of Technology, Tokyo, Japan National University of Ireland, Dublin (2)
North Carolina State University (4)
Ohio State University Oklahoma State University Pennsylvania State University (3)
Polytechnic Institute, New Delhi, India Pratt Institute (6)
Pyongyang Technology College, Korea Regional College of Art, Manchester, England Rensselaer Polytechnic Institute (5)
Rhode Island School of Design (2)
Rice University
Royal Danish Academy (2)
School of Architecture, Ahmedabad, India Silpakorn University, Bangkok, Thailand Staatliche Hochschule fiir Bildende Kiinst, Berlin, Germany (2) Syracuse University (6)
Technion, Israel Institute of Technology, Haifa, Israel Technische Universiteit, Delft, Netherlands (2)
Technische Universitat, Berlin, Germany (3)
Technische Universitat, Darmstadt, Germany (2)
Technische Universitat, Miinchen, Germany (3)
Technische Universitat, Vienna, Austria (2)
Tehran University, Iran (2)
Texas A&M University (4)
Tokyo Institute of Technology, Japan (3)
Tunghai University, Taiwan
Universidad Central de Venezuela, Caracas (2)
Universidad de Buenos Aries, Argentina (2)
Universidad de Cuenca, Ecuador
Universidad de Mendoza, Argentina
Universidad Mayor de San Simon, Cochabamba, Bolivia
Universidad Nacional de Cordoba, Argentina
Universidad Nacional de Columbia, Medellin, Columbia
Universidad Nacional de Columbia, Bogota, Columbia
Universidad Nacional de Ingenieria, Peru
Universidad Nacional del Litoral, Santa Fe, Argentina
Universidad Pontificia Bolivariana, Medellin, Columbia
University of Auckland, New Zealand
University of Adelaide, Australia
University of Arizona
University of Baghdad, Iraq
University of Belgrade, Serbia (2)
University of Bombay, Sir J.J. College of Architecture, India University of British Columbia, Vancouver, Canada (2) University of California, Berkeley (8)

University of Cape Town, South Africa (8)

University of Cincinnati (7)

University College, Dublin, Ireland (3)

University of Delhi, India University of Florida (4)

University of Hawaii University of Houston University of Illinois (8)

University of Kansas (2)

University of Liverpool, School of Architecture University of Ljubljana, Slovenia University of Manitoba, Winnipeg, Canada (5)

University of Maryland University of Michigan (5)

University of Minnesota (13)

University of Natal, South Africa (2)

University of Nebraska University of New Mexico (2)

University of North Carolina (2)

University of Notre Dame University of Nottingham, England University of Oklahoma University of Oregon (3)

University of Paris, France University of Pennsylvania (60)

University of Roorkee, India University of Southern California (2)

University of Sydney, Australia (5)

University of Tehran, Iran (3)

University of Tennessee, Knoxville University of Texas (9)

University of the Witwatersrand, Johannesburg, South Africa (3) University of Tokyo, Japan (2)

University of Toronto, Canada (5)

University of Utah (2)

University of Virginia (5)

University of Washington (5)

Virginia Polytechnic and State University (3)

Waseda University, Tokyo, Japan (3)

Washington State University (3)

Washington University of St. Louis (5)

Yale University (2)

Yokohama National University, Japan

参考书目

Bednar, Michael, "Kahn's Classroom," *Modulus*, 11th issue, 1974, University of Virginia School of Architecture.

ben Sirach, Joshua, *The Wisdom of Sirach*, 40:1; Walker Evans and James Agee, *Let Us Now Praise Famous Men* (Boston, MA: Houghton Mifflin, 1940).

Brownlee, David B. and De Long, David G., *Louis I. Kahn: In the Realm of Architecture* (New York: Rizzoli, 1991).

Edwards, Betty, *Drawing on the Right Side of the Brain* (New York: Jeremy P. Tarcher/Putnam, 1989).

Farrrell, Terence, ed., *Arena* (London: Architectural Association, vol. 82, no. 910, March 1967).

Gropius, Walter, *Scope of Total Architecture* (New York, Collier Books, 1955).

Gutman, Robert, "Buildings and Projects," *Architecture from the Outside In: Selected Essays by Robert Gutman*, (Princeton, NJ: Princeton Architectural Press, 2010).

Hilson, Jeff, "Auguste Rodin: Premier Sculptor" (Counter-Currents Publishing, www.counter-currents.com/2010/09/auguste-rodin/,2010).

Janson, H.W., *History of Art* (Englewood Cliffs, NJ: Prentice-Hall and New York: Harry N. Abrams, 1966).

Johnson, Donald Leslie, "Recollections of Lou Kahn," *Progressive Architecture* (August 1961).

Kahn, Louis, "Remarks," *Perspecta*, vol. 9/10 (1965), p. 306.

Kandel, Eric R., *The Age of Insight* (New York: Random House, 2012).

Komendant, August, *18 Years with Architect Louis I. Kahn* (Englewood, NJ: Aloray, 1975).

Latour, Alessandra, ed., "Louis I. Kahn: l'uomo, il maestro" (Rome: Edizioni Kappa, 1986).

Leatherbarrow, David E., "Beginning Again: The Task of Design Research," *Ensinar Pelo Projeto,Joelho: revista de culture aarquitectónica* (April 4, 2013). Portuguese and Spanish translations, in *Summa+* (no. 134, February 2104).

Lobell, John, *Between Silence and Light: Spirit in the Architecture of Louis I. Kahn* (Shambhala, Boston, MA, 1979).

Louis I. Kahn: Conversations with Students (Houston, TX: Architecture at Rice, no. 26, 1969).

May, Rollo, *The Courage to Create* (New York: Bantam Books, 1976).

Nakamura, Tohio, ed., "Louis I. Kahn, Conception and Meaning," *Louis I. Kahn* (Tokyo: Architecture + Urbanism Publishing Co., 1983).

Ockman, Joan, ed. and Williamson, Rebecca, research ed., *Architecture School: Three Centuries of Educating Architects in North America* (Washington, DC: Association of Collegiate Schools of Architecture, 2012).

Oxford Grove Art, "Bernard Huet," www.answers.com/topic/bernard-huet-l.

Pena, William, with Parshall, Steven and Kelly, Kevin, *Problem Seeking* (Washington, DC, AIA Press, 1987).

Rich, Martin E.,uPhotographic Essay from November 1963: Louis Kahn,s Studio Teaching Techniques," *Made In the Middle Ground* (Darren Deane, Nottingham University, UK, June 2011).

Robinson, Max A., "Place-Making: The Notion of Center," Sarah Menin, ed., *Constructing Place: Mind and Matter* (London: Routledge, 2003).

Scott Brown, Denise, "A Worm's Eye View," *Having Words* (London: Architectural Association, 2009).

Scully, Vincent, *Louis I. Kahn* (New York: George Braziller, 1962).

Strong, Ann L. and Thomas, George E., eds., *The Book of the School: 100 Years, The Graduate School of Fine Arts of the University of Pennsylvania* (Philadelphia, PA: University of Pennsylvania, 1990).

Twombly, Robert, ed., *Louis I. Kahn, Essential Texts* (New York: W.W. Norton & Co" 2003).

Underwood, Max, "Louis Kahn' s Search for Beginnings: A Philosophy and Method-ology" (Washington, DC: Association of Collegiate Schools of Architecture, 1988).

University of Pennsylvania Bulletin, vol. 56, no. 6 (December 16, 1955).

Vassella, Alessandro, ed., *Louis I. Kahn, Silence and Light* (Zurich: Park Books and Louis I. Kahn Collection, University of Pennsylvania, 2013).

Venturi, Robert, *Iconography and Electronics Upon a Generic Architecture* (Cambridge, MA: The MIT Press, 1996).

Wallas, Graham, *The Art of Thought* (New York: Harcourt Brace, 1926).

Wiseman, Carter, *Louis I. Kahn: Beyond Time and Style* (New York: W.W. Norton & Co., 2007).

Wolfson, Harry Austryn, "Talmudic Method," *Crescas' Critique of Aristotle* (Cambridge, MA: Harvard University Press, 1929), http://ohr.edu/judaism/articles/ talmud.htm.

Wurman, Richard Saul, *What Will Be Has Always Been: The Words of Louis I. Kahn* (New York: Access Press and Rizzoli, 1986).

致　谢

首先，我要特别感谢路易斯·康研究生班的同学们，感谢他们对于此研究的帮助，慷慨地与我分享当年在宾夕法尼亚大学念书时的点点滴滴，以及他们毕业后的工作情况，感谢他们给我的照片以及各种图纸资料，让我能够深入剖析路易斯·康作为一个教师的影响。没有他们的倾情帮助，就没有今天的这本书。

感谢威廉·惠特克（William Witeaker），宾夕法尼亚大学建筑类档案馆馆长，感谢南希·索恩（Nancy Thorne），档案管理员兼编目人员，在她的帮助下，我才能联系到研究生班的400多名校友，感谢她多年来一直帮我整理这些同学的个人资料，查找实际项目名录，为此书提供照片、信件以及其他和路易斯·康相关的资料，让我能够更全面地了解路易斯·康的学术和职业生涯。

我要特别感谢宾夕法尼亚大学建筑与历史保护专业名誉教授戴维·G·德隆对我工作的大力协助。他曾在我撰写这本书的过程中，多次帮忙审阅此书的原稿，并且提出不计其数的宝贵看法和建设性的指导意见。

同时，我也要感谢孟菲斯大学美术及交流学院的李察·R·兰塔（Richard R. Ranta）主任和建筑学院的米迦·勒哈格（Michael Hagge）主席，为此研究慷慨提供资金资助，对此我表示诚挚的谢意。

最后，我要感谢佩吉·威廉姆森（Peggy Williamson），我亲爱的妻子，感谢她一直在家负责此书的编辑工作，更感谢她对我的大力支持。

詹姆斯·F·威廉姆森

致 谢 / 279

路易斯·康,伊斯特·路易斯·康专集,宾夕法尼亚大学建筑类档案馆。©罗伯特·C·鲁特曼(Robert C. Lautman)摄影,美国国家建筑博物馆(National Building Mesuem)

图书在版编目（CIP）数据

路易斯·康在宾夕法尼亚大学 /（美）詹姆斯·F·威廉姆森著；张开宇，李冰心译. -- 南京：江苏凤凰科学技术出版社，2019.1

ISBN 978-7-5537-9749-6

Ⅰ.①路 Ⅱ.①詹 ②张 ③李 Ⅲ.①建筑哲学-研究②建筑学-教育研究 Ⅳ.① TU-021 ② TU-4

中国版本图书馆 CIP 数据核字 (2018) 第 234638 号

Kahn at Penn: Transformative Teacher of Architecture / James Williamson / ISBN: 9781138782143
Copyright© 2004 by Routledge.
All Rights Reserved. Authorised translation from the English language edition published by Routledge, a member of the Taylor & Francis Group.
本书原版由 Taylor & Francis 出版集团旗下，Routledge 出版公司出版，并经其授权翻译出版。版权所有，侵权必究。
Tianjin Ifengspace Media Co. Ltd. is authorized to publish and distribute exclusively the Chinese (Simplified Characters) language edition. This edition is authorized for sale throughout Mainland of China. No part of the publication may be reproduced or distributed by any means, or stored in a database or retrieval system, without the prior written permission of the publisher.
本书中文简体翻译版授权由天津凤凰空间文化传媒有限公司独家出版并在限在中国大陆地区销售。未经出版者书面许可，不得以任何方式复制或发行本书的任何部分。
Copies of this book sold without a Taylor & Francis sticker on the cover are unauthorized and illegal.
本书封面贴有 Taylor & Francis 公司防伪标签，无标签者不得销售。

合同登记号：10-2016-066

路易斯·康在宾夕法尼亚大学

著　　者	[美] 詹姆斯·F·威廉姆森
译　　者	张开宇　李冰心
项目策划	凤凰空间/张晓菲　单　爽
责任编辑	刘屹立　赵　研
特约编辑	单　爽
出版发行	江苏凤凰科学技术出版社
出版社地址	南京市湖南路 1 号 A 楼，邮编：210009
出版社网址	http://www.pspress.cn
总 经 销	天津凤凰空间文化传媒有限公司
总经销网址	http://www.ifengspace.cn
印　　刷	天津久佳雅创印刷有限公司
开　　本	710 mm×1 000 mm　1/16
印　　张	17.5
版　　次	2019 年 1 月第 1 版
印　　次	2024 年 1 月第 2 次印刷
标 准 书 号	ISBN 978-7-5537-9749-6
定　　价	69.00 元

图书如有印装质量问题，可随时向销售部调换（电话：022-87893668）。